FORSCHUNGSBERICHTE
DES WIRTSCHAFTS- UND VERKEHRSMINISTERIUMS
NORDRHEIN-WESTFALEN

Herausgegeben von Ministerialdirektor Prof. Leo Brandt

Nr. 39

Forschungsgesellschaft Blechverarbeitung e. V., Düsseldorf

Aus den Arbeiten des Instituts für Werkzeugmaschinen an der
Technischen Hochschule Hannover

Untersuchungen an prägegemusterten und vorgelochten Blechen

Als Manuskript gedruckt

Springer Fachmedien Wiesbaden GmbH

1953

ISBN 978-3-663-03293-9   ISBN 978-3-663-04482-6 (eBook)
DOI 10.1007/978-3-663-04482-6

Forschungsberichte des Wirtschafts- und Verkehrsministeriums Nordrhein-Westfalen

Gliederung

Vorwort . . . . S. 5

1. Probleme der Formänderung bei prägegemusterten Blechen . . . . S. 6

2. Festigkeitsuntersuchungen an auf Biegung beanspruchten prägegemusterten Blechen . S. 15

3. Festigkeitsuntersuchungen an auf Knickung beanspruchten prägegemusterten Blechen . S. 24

4. Die höchst erreichbare Bördelhöhe beim Kragenanziehen vorgelochter Bleche . . . S. 27

Literaturverzeichnis . . . . S. 40

Forschungsberichte des Wirtschafts- und Verkehrsministeriums Nordrhein-Westfalen

Vorwort

Die Forschung und die Industrie sind sich erst nach dem Kriege voll der besonderen Aufgabe des Werkstoffes Blech bewußt geworden und haben sich im Rahmen der Forschungsgesellschaft Blechverarbeitung e.V. die Aufgabe gestellt, die mit den Verfahren der Blechumformung und der Oberflächenbehandlung vom Rohblech bis zum fertigen Gegenstand zusammenhängenden technischen Fragen und Probleme zu behandeln und vorwärts zu treiben.

Die Aufgaben der Forschungsgesellschaft ergeben sich aus den Bedürfnissen der Industrie. Es ist dem Wirtschaftsministerium des Landes Nordrhein-Westfalen zu danken, durch Zuschüsse zur Förderung vordringlicher Arbeiten beizutragen.

Forschungsberichte des Wirtschafts- und Verkehrsministeriums Nordrhein-Westfalen

1. Probleme der Formänderung bei prägegemusterten Blechen

Wenn auch die Herstellung von Warzen- oder Buckel- und Riffelblechen durch Pressen und durch Walzen seit vielen Jahren bekannt ist, so gewinnen derartig vorgeformte Bleche in der Gegenwart im Hinblick auf den neuzeitlichen Leichtbau an Bedeutung. Schon früher wurden zu kunstgewerblichen Zwecken die verschiedenartigsten Muster in Metallbänder unter sogenannten Bossierwalzen eingedrückt, die in verschiedener Weise hergestellt waren. Das eine Verfahren besteht darin, daß die eine Walze die Musterung im Kern (positiv), die andere im Gesenk (negativ) aufweist, während beim anderen die Gegenwalze aus Gummi hergestellt wird. Im ersteren Falle bedient man sich mit Vorteil der Ätzverfahren, indem zunächst nur die eine Walze aus Werkzeugstahl mit eingeprägtem Muster hergestellt und gehärtet wird. Daraufhin wird ihr Muster in die weiche, zunächst noch ungehärtete Gegenwalze eingedrückt. Zur scharfen Herausarbeitung des Musters der Gegenwalze wird diese vorher mit Fett eingeschmiert, das beim Andrücken der gehärteten Walze an den Druckstellen entfernt wird. Durch Eintauchen der Walze in Schwefel- oder Salpetersäure werden die blanken Druckstellen geätzt. Dieser Vorgang wird solange wiederholt, bis die Gegenwalze an allen Stellen gegen die gehärtete Rolle anliegt und schließlich selbst gehärtet wird. Solche Ätzverfahren, wie sie auch von Dr.-Ing. BURKHARDT entwickelt wurden, werden in der Besteckindustrie mit großem Erfolg angewendet. (1)

Die Gummi-Gegenwalzen haben sich nur selten bewährt, da einmal der Gummiverschleiß erheblich ist, außerdem nicht so scharfe Umrisse im geprägten Muster erzielt werden wie beim ersteren Verfahren. Die Herstellung von Warzenblechen in größeren Breiten - soweit man hierzu nicht dicke Riffelbleche rechnen will - wurde erst in jüngster Zeit bekannt. Mit dem Flugzeugbau kamen Klebstoffe auf den Markt, die eine gute Verbindung zwischen Blechen, insbesondere solchen aus Leichtmetallen, gewährleisten. Es wurden daher von Leichtbaukonstrukteuren Platten entwickelt - beispielsweise die Königsplatte -, bei welchen ein Warzenblech oder mehrere unter Zwischenlagen und Auflagen glatter Bleche zu dickwandigen, aber sehr leichten Platten hoher Festigkeit vereinigt werden. Im Hinblick auf eine Klebfläche erscheint das an den Buckeln abgeflachte Warzenblech wichtiger als das mit runden Buckeln.

Daneben bestehen zahlreiche Anwendungsmöglichkeiten solcher Warzeneinprägungen in Gefäßteile, wo erstens eine sichere Planierwirkung erzeugt werden muß und wo es zweitens auf eine erhöhte Versteifung ankommt. So gibt es zahlreiche Tiefziehteile mit nicht allzu hohen Zargen, aber verhältnismäßig großen Böden, die ohne eingeprägte Versteifung sehr leicht umklappen. Während die Zarge durch die Umformung des Bleches eine gewisse Steifigkeit besitzt, ist der Boden solcher Teile noch nicht oder nur an den äußersten Randzonen bis zur Fließgrenze beansprucht. Es ist daher wichtig zu wissen, in welchem Umfange eine Planierwirkung und eine Versteifung durch Einprägen derartiger Muster erreicht wird. Die Forschungsstelle Blechverarbeitung des Institutes für Werkzeugmaschinen der T.H. Hannover hat sich daher die Aufgabe gestellt, diese Verhältnisse zu untersuchen und insbesondere über den Kraftbedarf beim Eindrücken solcher Muster, über die Beanspruchung des Werkstoffes, über die Planierwirkung und über den Gewinn an Festigkeit und Steifigkeit Untersuchungen anzustellen. Um der Praxis dabei keine Paradewerte vorzuführen, wurde mit Absicht Wert darauf gelegt, neben einem gut umformbaren, weichen Aluminiumblech von 0,80 mm Dicke, einer Dehnung δ_{10} von etwa 30 % und einer Festigkeit σ_B von etwa 9 kg/mm^2 ein mäßig umformbares 0,25 mm dickes Falzblech der Güte St I - III 23, einer Festigkeit σ_B von etwa 35 bis 40 kg/mm^2 und einer Dehnung δ_{10} von 18 bis 25 % als Werkstoff zu verwenden. Die Blechdickenabweichungen innerhalb einer Tafel von 530 x 760 mm lagen bei den vorhandenen Stahlblechen zwischen 0,010 und 0,025 mm, was mittels einer größeren Anzahl Messungen an Stahlblechen derselben Güte und Dicke ermittelt wurde. Über das Aluminiumblech liegen keine gleichartigen Dickenmessungen vor.

Die in Abb. 1 und 4 dargestellten Werkzeuge waren weniger als Versuchswerkzeuge zur Herstellung von Warzenblechen in verschiedenen Einprägtiefen gedacht, sondern dienen auch zu Flachstanzuntersuchungen. Durch Einstecken des Werkzeugführungsbolzens in Bohrungen, die am Rand der Schmalseite verschieden angeordnet sind, gibt es verschiedene Eingriffsmöglichkeiten derart, daß die Ober- und die Unterplatte Zahn gegen Zahn oder Zahn gegen Lücke gegenüberstehen (2). Die Zähne der Werkzeuge sind bis zu einer Tiefe von 6 mm ausgehobelt. Bei dem in Abb. 1 dargestellten Werkzeug beträgt die Seitenlänge der quadratischen Fläche 4 mm, bei demjenigen der Abb. 4 nur 0,3 mm, so daß wir es hier praktisch mit Spitzen zu tun haben.

Forschungsberichte des Wirtschafts- und Verkehrsministeriums Nordrhein-Westfalen

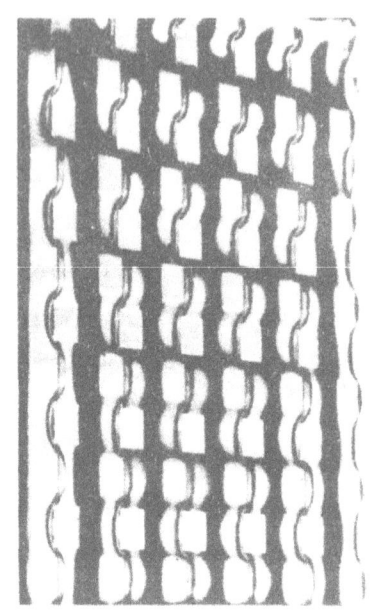
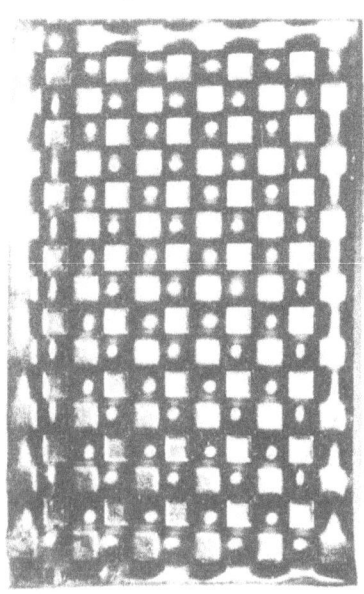

Abbildung 1
Unterteil des Versuchswerkzeuges mit quadratischen Prägeflächen einer Seitenlänge von 4 mm

Abbildung 2 u. 3
großflächiges Warzenstahlblech, hergestellt mit Werkzeugsatz nach Abb. 1

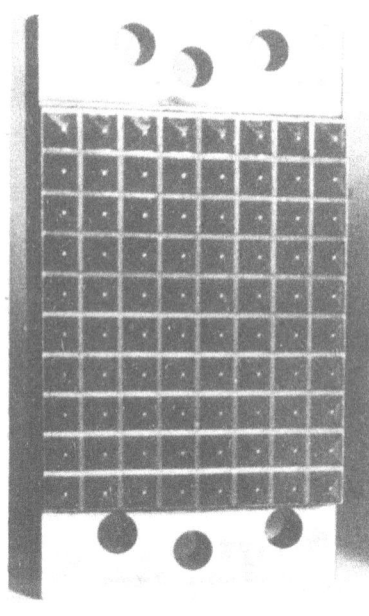

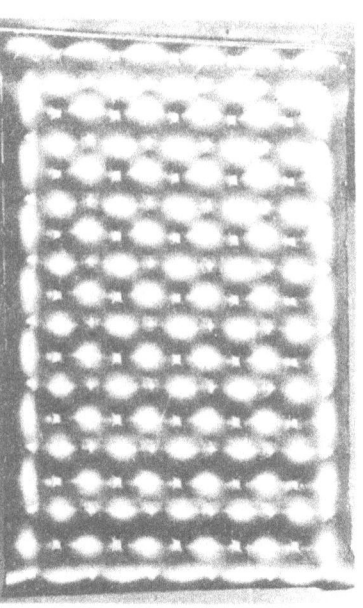

Oberteil des Versuchswerkzeuges mit quadratischen Prägeflächen einer Seitenlänge von 0,3 mm

Kleinflächiges Warzenstahlblech, hergestellt mit Werkzeugsatz nach Abb. 4

Forschungsberichte des Wirtschafts- und Verkehrsministeriums Nordrhein-Westfalen

Abb. 2 bis 6 zeigen Blechproben einer Tafelgröße von etwa 100 mm Länge und 60 mm Breite. Abb. 2 und 3 stellen gleichartige Proben dar, die mittels des großflächigen Werkzeugs (Abb. 1) und Abb. 5 und 6 solche, die mit dem spitzen Werkzeug (Abb. 4) geprägt wurden.

Wie nicht anders zu erwarten, wurden bei den Proben mit verhältnismäßig großer Druckfläche (Abb. 2 und 3) keinerlei Schwächungen im Bereich der Druckflächen beobachtet. Schon nach leichtem Eindruck gruben sich die scharfen Kanten an den Druckflächen in das Blech ein und verhinderten so ein Nachfließen des Werkstoffes über die Kante. Daran änderte auch eine Einfettung der Werkzeuge oder des Bleches nichts. Es mußte nun angenommen werden, daß der Werkstoff zwischen den Druckflächen, insbesondere zwischen den Spitzen der zunächst gegenüberstehenden Flächenecken, besonders stark über den ganzen Zwischenraum gedehnt wurde. Die Meßergebnisse, deren eine graphische Auswertung für ein 0,25 mm dickes Stahlwarzenblech mit quadratischer Druckfläche von 4 mm Seitenlänge in Abb. 7 bis 10 dargestellt ist, ergeben aber etwas anderes. Zur Ermittlung der Blechdicke an den einzelnen Stellen wurden die Proben vor dem Aufsägen in Siegellack eingebettet und anschließend auf feinstem Schmirgelpapier bis herab zu 06 mit der Hand abgezogen. Die Dickenmessung erfolgte auf 10 μ Genauigkeit unter einem Meßmikroskop bei einer 30-fachen Vergrößerung. Die durch Blechdickenabweichung bedingte Streuung ist in den Schaubildern zu Abb. 7 bis 10 mit t bezeichnet.

Abb. 7 zeigt oben die Seitenansicht eines solchen Bleches mit darunter angeordneter perspektivisch gezeichneter Draufsicht. Die Tiefung h' der Einprägung beträgt hierbei 1,6 mm. Für diese Abmessung zeigen die anderen Schaubilder Abb. 8 bis 10 die Blechschwächung u in %, worunter verstanden wird:

$$u = \frac{s_o - s'}{s_o}, \text{ mit}$$

s_o = ursprüngliche Blechdicke
s' = Blechdicke nach der Umformung

Über der schrägen Schnittlinie a - a in Abb. 7 innerhalb des Bereiches zwischen den Mittelpunkten der oberen Druckflächen A und F sind in Abb. 8 die dort gemessenen u-Werte zusammengestellt. Dabei werden diese Schwächungskoeffizienten an den Ecken mit u_1, an der Kantenmitte zwischen den

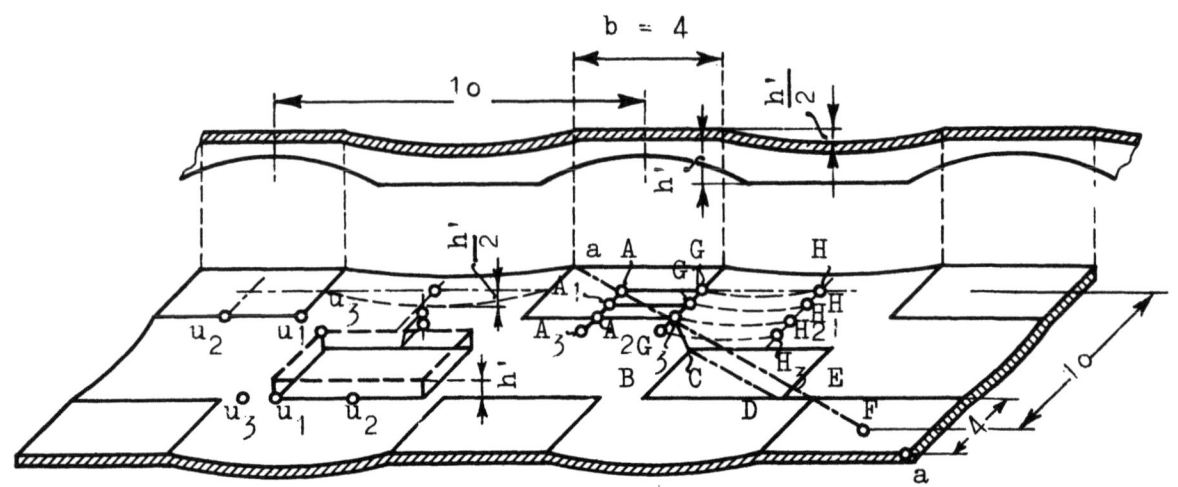

Abbildung 7

Schwächung "u" der Blechdicke an den verschiedenen
Stellen des Stahlwarzenbleches 4 mm Druckfläche

Ecken mit u_2 und zwischen den nächstliegenden Ecken einer unteren und einer oberen Druckfläche mit u_3 bezeichnet. Eine erhebliche Blechdickenabnahme ist an den scharfen Ecken dieser Fläche zu beobachten, die bis zu 20 bis 30 % hinaufgeht. Bei einer nur geringen Steigerung der Eindrücktiefe h' auf 1,7 mm stellen sich bereits Risse an den Kanten ein. Zwischen diesen Spitzen, also in der Mitte zwischen den Strecken B — C und D — E, nimmt die Schwächung u_3 bis auf wenige % ab.

Außer diesen Schrägschnitten wurden auch Schnitte parallel zu den Flächenkanten zwecks Dickenmessung ausgeführt. Dies ist in der perspektivischen Darstellung in Abb. 7 durch die 4 gestrichelten Linien A—H, A_1—H_1, A_2—H_2 und A_3—H_3 angedeutet. Die erste Meßlinie A—H beginnt im Mittelpunkt einer Druckfläche. Die dritte Meßlinie A_2—B—H_2 fällt in ihrem ersten Teil A_2—B mit einer Flächenkante zusammen. Über diesen 4 Meßlinien sind in einem räumlichen Schaubild Abb. 10 die Werte für u_1, u_2 und u_3 aufgetragen. Das Ergebnis dieser Messungen bestätigt wiederum, daß die Blechdicke nur in den Ecken der Druckflächen bemerkenswert abnahm. Die u_1-Werte in den Ecken sind etwa doppelt so groß wie

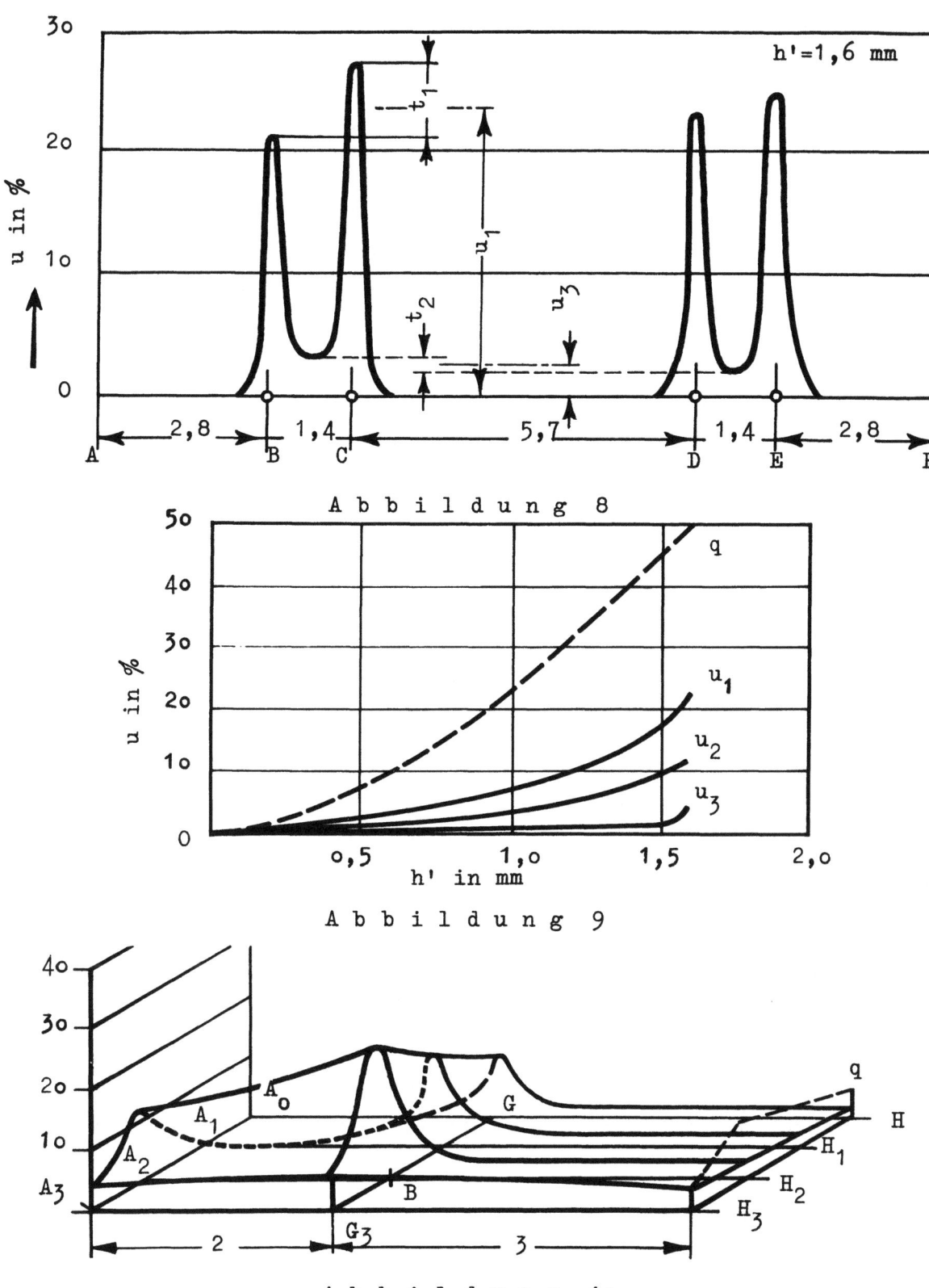

Abb. 8 - 1o Schwächung "u" der Blechdicke an den verschiedenen Stellen des Stahlwarzenbleches 4 mm Druckfläche

Forschungsberichte des Wirtschafts- und Verkehrsministeriums Nordrhein-Westfalen
___

die u_2-Werte in der Mitte der Druckflächenkanten. Hingegen sind die u_3-Werte, welche die Blechdickenschwächung zwischen den Druckflächenecken darstellen, im Gegensatz zur theoretischen Überlegung nur unbedeutend und betragen etwa 1/6 bis 1/8 der Werte für u_1. In Abb. 9 sind die Meßergebnisse für u_1, u_2 und u_3 in Abhängigkeit von der Einprägtiefe h' dargestellt. Außer diesen 3 Kurven ist als vierte gestrichelte Schaulinie die Längsdehnung q eingetragen, wie sie sich aus dem Verhältnis von Längenzunahme zur ursprünglichen Länge zwischen 2 gegenüberstehenden Druckflächenecken (also zwischen B — C bzw. D — E) errechnet. Nur an Probeteilen verschiedener Einprägtiefe h' wurden Schrägschnitte entsprechend der Linie a — a zwecks Dickenmessung ausgeführt. Hingegen erfolgten diese Untersuchungen an den 4 Parallelschnitten A — H, A_1 — H_1, A_2 — H_2 und A_3 — H_3 nur bei einer bestimmten Einprägtiefe h' = 1,6 mm. Dafür ergaben sich die theoretischen q-Werte für die Längsdehnung mit 4, 6, 9 und 3 %, wie dies in Abb. 1o am äußeren rechten Rand durch die gestrichelte q-Linie angedeutet ist.

Bei den kleinen Abmessungen waren weitergehende Formänderungsuntersuchungen in allen 3 Formänderungsrichtungen nicht möglich. Hierzu bedarf es wesentlich größerer Werkzeuge, doch würde eine solche Untersuchung keinerlei besondere Schwierigkeiten ergeben und voraussichtlich die u_1-Spitzen über den Ecken der Druckflächen erklären. Denn es ist offensichtlich so, daß dem stark auf Dehnung beanspruchten Werkstoff zwischen den Ecken seitlich Material zufließt.

In gleicher Weise wurden die in Abb. 7 bis 1o dargestellten Verhältnisse bei gleichem Werkstoff für Warzenbleche ermittelt, die mit dem spitzeren Werkzeug (quadratische Druckfläche von o,3 mm Seitenlänge) hergestellt wurden. Infolge der kleinen Druckfläche konnten Unterschiede in der Kantenschwächung zwischen Kantenecke und Kantenmitte nicht nachgewiesen werden.

Bei Versuchen an Aluminiumwarzenblechen wurden infolge der größeren Dehnung dieses Werkstoffes größere h'-Werte als bei Stahlblech erreicht. Es überrascht andererseits, daß die u_3-Werte bei diesem weichen und bildsamen Werkstoff im Verhältnis zu den u_1-Werten gegenüber Stahlwarzenblechen nach Abb. 8 sehr viel niedriger sind. Offensichtlich bedingen die scharfen Kanten des spitzen Werkzeuges eine starke örtliche Schwächung, und die geringe Festigkeit des Werkstoffes vermag nicht, die Schwächung

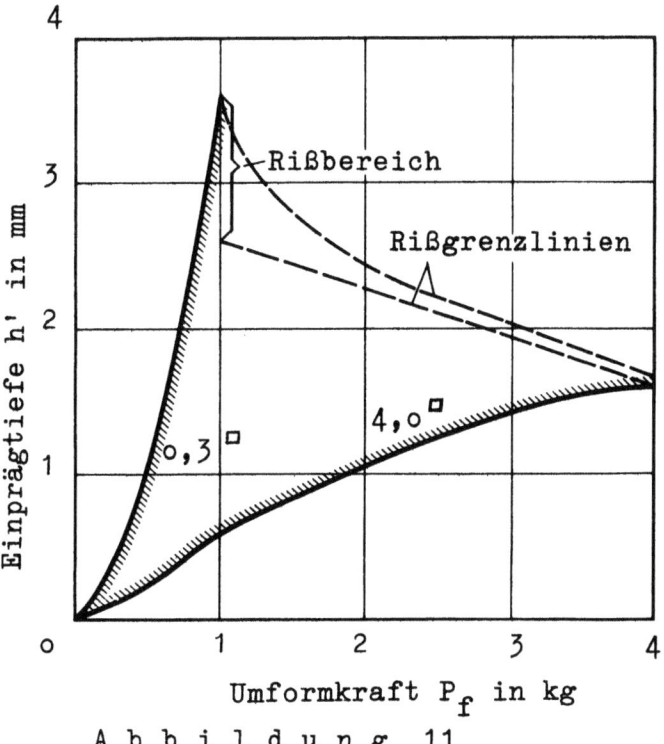

Abbildung 11

Rißeintritt und Einprägtiefe h' in Abhängigkeit von der Umformkraft P_f

des Werkstoffes in unmittelbarer Nähe der Kanten aufzuhalten und Teile des weiteren Bereichs mit an dieser Umformung zu beteiligen. Wahrscheinlich werden Versuche mit abgerundeten Kanten ein in dieser Hinsicht ganz anderes Ergebnis bringen, so daß dort bei weichem Aluminiumblech eine stärkere Annäherung der u_3-Werte an die u_1-Werte zu erwarten ist.

Im Schaubild Abb. 11 ist für die Stahlwarzenblechversuche der Einfluß der Umformkraft P auf die Eindrücktiefe h' erläutert. Die mit den 2 Werkzeugen nach Abb. 1 und 2 erreichten Einprägtiefen h' sind abhängig von der Umformkraft P_f in t dargestellt. Die Eindrücktiefe wird bei beiden Werkzeugen durch den Beginn der Rißbildung begrenzt, und zwar tritt bei den großflächigen Drückwerkzeugen die Rißbildung bereits beim Überschreiten einer Eindrücktiefe h' von 1,6 mm auf. Beim spitzen Werkzeug läßt sich der Rißbereich viel weniger scharf abgrenzen, da Risse hier teilweise schon bei 2,6 mm, zuweilen aber erst bei 3,6 mm Eindrücktiefe entstehen. Vermutlich wird also die Rißbildung bei allen anderen quadratischen Druckflächen, die zwischen 4 und 0,3 mm Seitenlänge liegen, in Nähe der in Abb. 11 eingezeichneten Rißgrenze liegen.

Da die Werkzeuge ursprünglich für Flachstanzarbeiten bestimmt waren, wurden sie auch scharfkantig ausgeführt. Würde man den Versuch mit an den Kanten und in den Ecken stärker abgerundeten Werkzeugen wiederholen, so wird vermutlich die Rißgrenzlinie wesentlich höher liegen. Immerhin zeigen die bisherigen Versuche, daß die Größe der Druckfläche für die erreichbare Einprägtiefe weniger ins Gewicht fällt, als dies bei der außerordentlich großen Längung q zwischen den Punkten B und C bzw. D und E in Abb. 9 zu erwarten ist.

Zusammenfassend ergaben die bisherigen an nur kleinen Werkzeugen und kleinen Teilen bei geringen Wanddicken durchgeführten Untersuchungen, daß eine Ermittlung der Blechschwächung auf rechnerischem Wege unter Berücksichtigung der Längung des Werkstoffes zwischen den Warzendruckflächen nicht zum Ziel führt. Vielmehr ist es so, daß an Kanten der Druckflächen allein eine bemerkenswerte Blechschwächung eintritt und daß es daher bei der Ausbildung von Warzenblechen auf eine reichliche Abrundung an diesen Kanten sehr ankommt. Über die Steifigkeit derartiger Warzenbleche wird später berichtet.

Forschungsberichte des Wirtschafts- und Verkehrsministeriums Nordrhein-Westfalen

2. Festigkeitsuntersuchungen an auf Biegung beanspruchten prägegemusterten Blechen

Die Praxis interessiert das Verhalten der Warzenbleche bei ihrer weiteren Verarbeitung und ihre versteifende Wirkung.

Zu diesem Zweck wurden gemäß Abb. 13 rechts oben die im vorstehenden Bericht in Abb. 2, 3, 5 und 6 gezeigten etwa 60 mm breiten und 100 mm langen Stahlwarzenblechproben von 0,25 mm Dicke auf einer Vorrichtung unter einer Kraft P_b durchgebogen, die in der Mitte angreift, wobei der gegenseitige Abstand der Auflager 70 mm betrug. Die aufgewendete Kraft P_b (kg) und die dabei erreichte Durchbiegung f (mm) sind in Abb. 12 und 13 in Abhängigkeit zur Eindrücktiefe h' aufgetragen. Während in Abb. 12 die Kurven gleicher Durchbiegung f über der Biegekraft P_b eingezeichnet sind, zeigt Abb. 13 die Kurven gleicher Biegekraft P_b über der Durchbiegung f. In Abb. 14 sind Schaulinien gleicher Prägetiefe zur Ermittlung der Durchbiegung über der Biegekraft P_b dargestellt. In Abb. 12 bis 14 und 16 sind die Schaulinien für das spitze Werkzeug als ausgezogene, diejenigen für das großflächige Werkzeug als gestrichelte Linien eingetragen. Als "spitz" wird hierbei eine quadratische Prägefläche von nur 0,3 mm Seitenlänge verstanden, unter "großflächig" eine quadratische Prägefläche von 4 mm Seitenlänge.

Die Umformung mittels des großflächigen Werkzeuges ergibt bei gleicher Eindrücktiefe ganz andere Verhältnisse als das kleinflächige. So wird beim großflächigen Werkzeug beispielsweise für 0,7 kg Belastung (Punkt A in Abb. 12 und 14) bei einer Eindrücktiefe h' = 1 mm die verhältnismäßig kleine Durchbiegung f = 0,5 mm herbeigeführt. Beim spitzen Werkzeug genügen für das Blech bei gleicher Durchbiegung f und Einprägtiefe h' nach Punkt B nur 0,45 kg, also knapp 2/3 der obigen Biegekraft. Beim Aufwand einer Biegekraft P_b = 1 kg wird das kleinflächige Warzenblech (Punkt C in Abb. 13 und 14) um 1,25 mm, das großflächige nur um 0,75 mm (Punkt E) durchgebogen, wobei die Einprägtiefe beide Male h' = 1 mm ist. Das beweist für die beiden gezeigten Beispiele eine mehr als 50 %ige Steifigkeitserhöhung bei großen Flächen im Vergleich zu kleinen. Der Unterschied nimmt gemäß Abb. 12 und 14 bei wachsender Belastung weiterhin zu. Mit zunehmender Eindrücktiefe h' wächst das Widerstandsmoment und somit die zur Durchbiegung erforderliche Kraft P_b. Eine genaue proportionale Zunahme ist indes nach Abb. 12 bis 14 nicht zu erkennen.

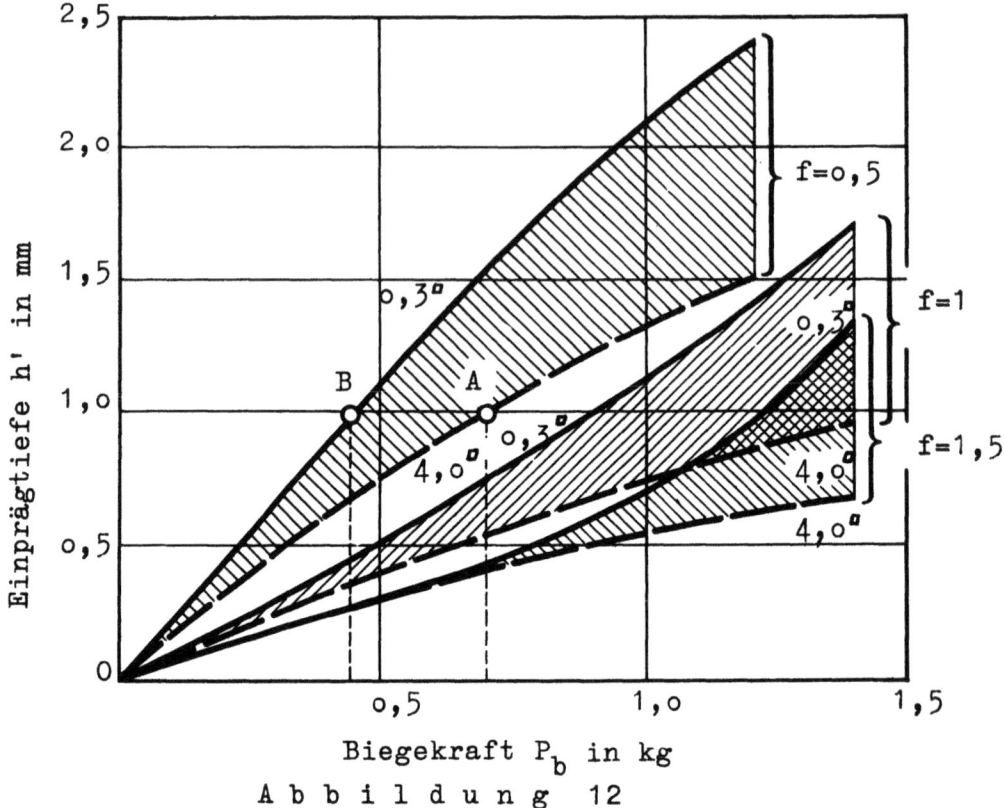

Abbildung 12

Die Einprägtiefe h' in Abhängigkeit von der Biegekraft P_b für das spitze und das großflächige Werkzeug bei verschiedenen Durchbiegungen f und 0,25 mm StVI-23

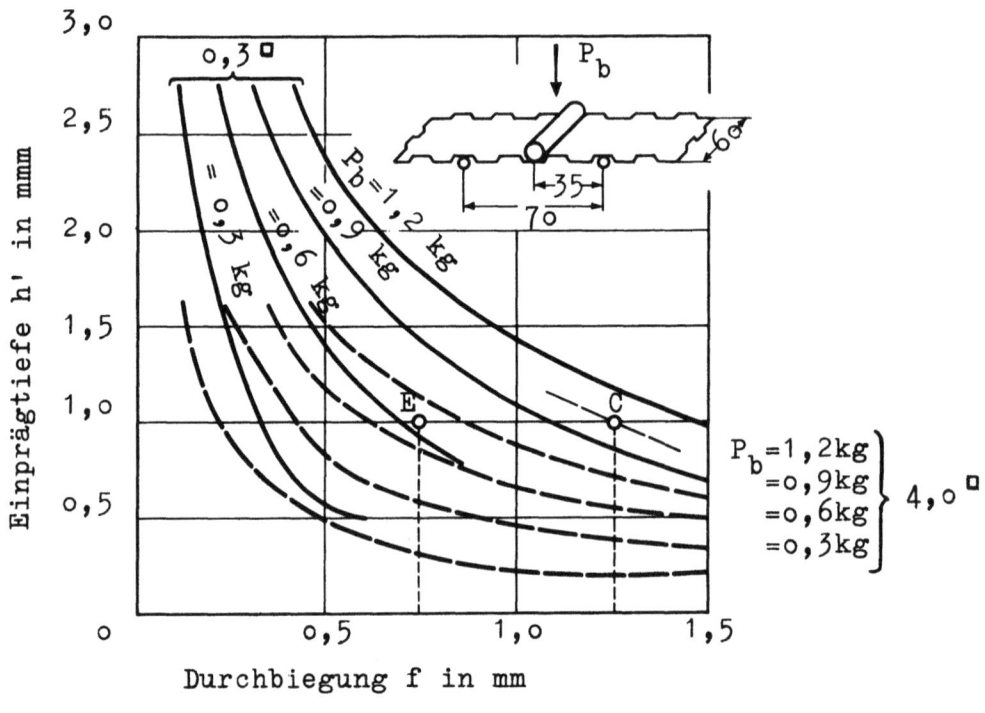

Abbildung 13

Die Einprägtiefe h' in Abhängigkeit von der Durchbiegung f für das spitze und das großflächige Werkzeug bei verschiedenen Biegekräften P_b und 0,25 mm StVI-23

Ein Biegeversuch mit einem ungeprägten 60 mm breiten Stahlblech von 0,25 mm Dicke (s) aus dem gleichen Werkstoff, wie er zu Warzenblechen umgeformt wurde, ergab bei 1 kg Belastung, 70 mm Auflagerabstand eine Durchbiegung von 4,3 mm, woraus sich zur Kontrolle ein E-Wert mit 2 160 000 kg/cm^2 errechnet. Das äquatoriale Trägheitsmoment J ergab für den vollen Werkstoff 0,078 mm^4.

Außer diesen Untersuchungen an Stahlblechen einer gleichbleibenden Blechdicke von 0,25 mm wurden Probetafeln desselben Formates aus einem weichen Aluminiumblech (Al 99,5 w) in verschiedenen Dicken von 0,25, 0,5, 0,8 und 1,0 mm durchgeführt. Die hier veränderte Blechdicke ergab bemerkenswerte Unterschiede hinsichtlich der erreichten Prägetiefe bei gleichen Umformkräften. Dabei zeigt sich, daß sich der Unterschied zwischen spitzem und großflächigem Werkzeug bei kleinen Umformkräften verhältnismäßig stärker als bei größeren geltend machte. Bei den mit Stahlblech durchgeführten Versuchen wichen die mit dem spitzen Werkzeug erhaltenen Versuchsergebnisse sehr stark von denen des großflächigen ab. Der baldige Eintritt der Rißbildung beim spitzen Werkzeug gestattet dort nur eine Beobachtung des Kraftwegbildes innerhalb eines kleinen Bereiches bis zu 1 t Umformkraft. Hier ergab sich ein ähnliches Verhalten. Während der Einfluß der Werkzeugform sich bei geringer Belastung sehr stark geltend macht, indem die Einprägtiefe bei einer Umformkraft von etwa 1 t für das spitze Werkzeug etwa 5mal so groß ist wie beim stumpfen, ist bei 4 t die Einprägtiefe beim spitzen Werkzeug nur noch etwa doppelt so groß wie beim großflächigen. Das besagt also, daß der Kraftbedarf für das Umformen spitzer flacher Warzenmuster sehr viel geringer ist als bei großflächigen Mustern gleicher Einprägtiefe, während dieser Unterschied bei verhältnismäßig tiefen Einprägmustern nicht mehr so sehr ins Gewicht fällt. Bei dünnen Blechen zeigt sich dieses Unterschiedsverhältnis weniger als bei dickeren. Selbstverständlich wiesen - absolut betrachtet - die dünneren Bleche unter gleicher Umformkraft größere Prägetiefen und weitgehendere Umformungen als die dickeren auf.

Die Auswertung der Biegeversuche an Aluminium-Warzenblechen ergab eine ziemlich geradlinige Charakteristik der Durchbiegung über der Biegekraft. Hingegen verliefen von einer bestimmten Einprägtiefe ab, die etwa 2/3 der Rißeinprägtiefe betrug, die Durchbiegungskurven unverändert. Es zeigte sich also, daß sich der Unterschied in der Steifigkeit zwischen spitzer und großflächiger Warzenform nur im Anfang der Umformung auswirkt, demnach mit fortschreitender Prägetiefe anfangs erheblich, später nur noch schwach zunimmt. Dabei ist dieser Unterschied bei dünnen Blechen größer als bei dicken. Bei s = 0,8 mm ist die Durchbiegung bei der spitzen Warzenform und gleicher Einprägtiefe, Umformkraft und Biegekraft fast die doppelte, während sie für s = 1,0 mm nur noch etwa die 1,5-fache ist. Dies besagt, daß die Warzenform bei dicken Buckelblechen auf die Steifigkeit gegen Biegebeanspruchungen keinen so großen Einfluß hat wie bei dünnen Buckelblechen. Weiterhin hat es den Anschein, daß allzu große Einprägtiefen und der damit verbundene Mehraufwand an Umformkraft keinen bemerkenswerten Gewinn an Steifigkeit bringen. Das Maß der zweckmäßigen Grenztiefe wird sich nach der Warzengröße und ihrer Gestalt sowie der Anordnung des Warzenmusters richten. Da der Abstand der Warzenmitten bei den hier verwendeten Versuchswerkzeugen 10 mm beträgt, könnte man als praktische Grenztiefe eine solche von h' = 3 mm vorschlagen entsprechend 30 % des Mittenabstandes.

Es sei an dieser Stelle betont, daß diese Überlegungen sich nur auf unverleimte Buckelbleche erstrecken.

Verleimte Warzenbleche

Wie liegen nun die Verhältnisse für beiderseits mit glatten Blechen gleicher Dicke verleimte Warzenbleche? Aus den Versuchsreihen mit großflächig geprägten Warzenblechen wurden einige Proben herausgenommen und beiderseits mit glatten Blechen aus demselben Werkstoff verklebt. Zwecks besserer Haftung des Klebstoffes wurden die Bleche an den miteinander zu verbindenden Oberflächen mit der Stahlbürste aufgerauht und dann mit dem von den Farbwerken Hoechst hergestellten Klebstoff "Mowilith 50" bestrichen. Nach dem Trocknen des Aufstriches wurden die Bleche zusammengepreßt und in einem gasbeheizten Ofen bei einer gleichbleibenden Temperatur von 150° C 2 Stunden lang erhitzt.

Das Ziel der Untersuchung bestand zwar keineswegs in der Erprobung von Klebstoffen, vielmehr sollte die Steifigkeitserhöhung der Warzenbleche geprüft werden. Immerhin seien einige Beobachtungen beim Verkleben mitgeteilt. Das Einstreichen von Warzenblechen mit Klebstoff erfordert bei üblichem Werkzeug (Pinsel) sehr viel Klebmittelmasse. Der Klebstoff sammelt sich insbesondere in größeren Mengen an den Stellen, wo er am wenigsten gebraucht wird, nämlich in den Gruben der Warzenbleche. Gerade bei

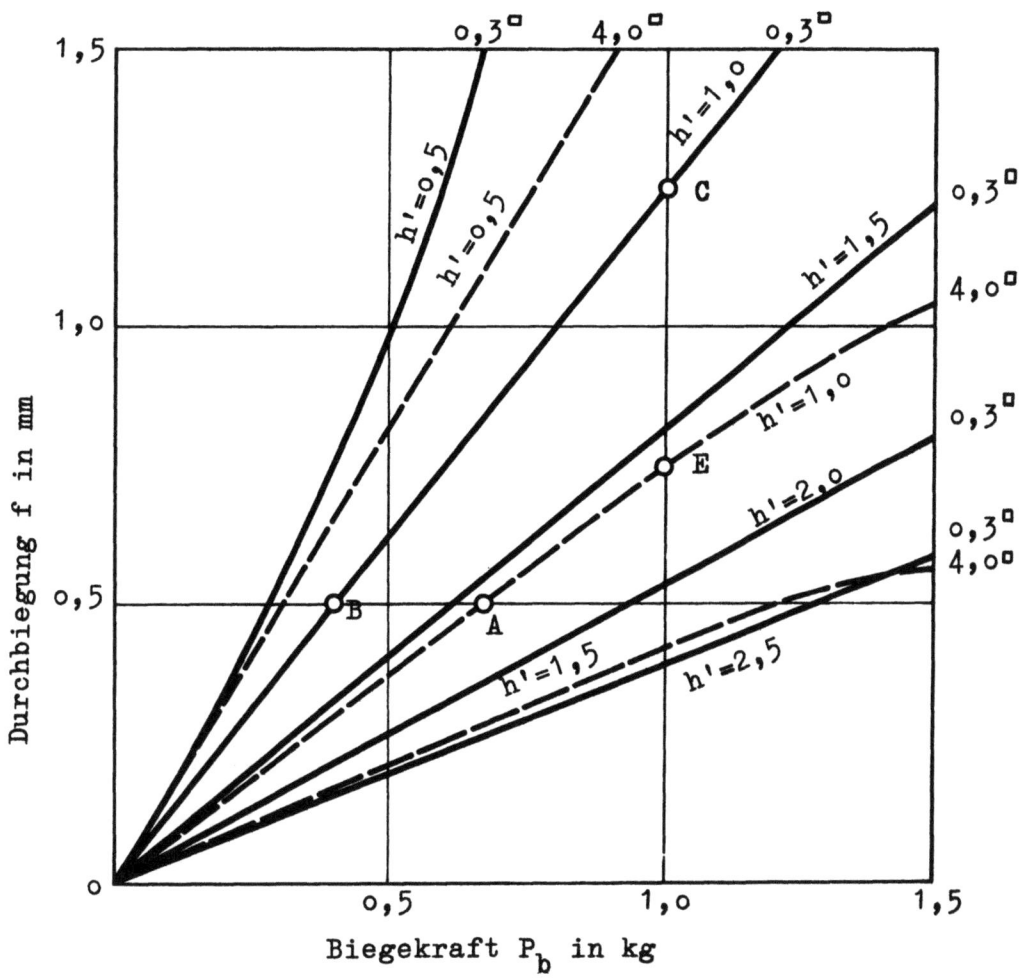

Abbildung 14

Durchbiegung f in Abhängigkeit von der Biegekraft P_b bei großflächiger und kleinflächiger Druckstelle nach Abb. 12 u. 13

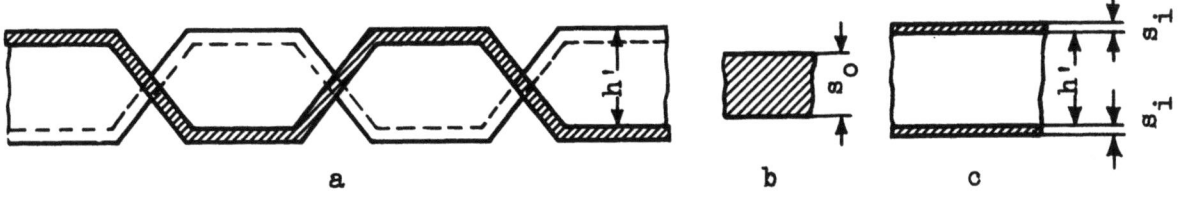

Abbildung 15

Querschnitte gleichen Trägheits- und Widerstandsmomentes

dünnflüssigen Klebstoffen, wozu der hier verwendete zu zählen ist, liegt die Gefahr einer Verschwendung sehr nahe, und für eine wirtschaftliche Fertigung ist das Auftragen mit Walzen zur gleichmäßigen Verteilung nötig.

Nach Abb. 12 beträgt für das großflächige Muster und 70 mm Stützweite bei 1 kg Belastung (=P_b)

für $h' = 1,2$ mm die Durchbiegung $f = 0,5$ mm
" " $= 0,8$ mm " " " $= 1,0$ mm
" " $= 0,6$ mm " " " $= 1,5$ mm

Hiernach ergeben sich für vorstehende 3 Fälle die Trägheitsmomente zu 0,686, 0,343 und 0,229 mm^4, woraus die Blechdicken s_o gleichartigen glatten Werkstoffes bei gleichgroßem Trägheitsmoment zu 0,5, 0,4 und 0,35 mm berechnet werden. Abb. 15 zeigt 3 Querschnitte gleichen Biegewiderstandes, und zwar stellen Abb. 15a das Warzenblech der Blechdicke s und der Einprägtiefe h', Abb. 15b das volle Blech der Dicke s_o und Abb. 15c 2 Bleche der Dicke s_i im Abstand h' dar. Für $h' = 1,2$ mm ergibt sich also bei Warzenblechen eine Ersparnis des halben Gewichts bei gleichem Trägheitsmoment und gleicher Steifigkeit.

Werden nach Abb. 15c an Stelle des vollen Bleches der Dicke s_o zwei im Abstand h' parallel liegende Tafeln der Dicke s_i mit der idealen Stegdicke 0 angenommen, so ergeben sich die in Tab. 1 zusammengestellten Werte für die 0,25 mm dicken Warzenbleche aus St VI 23.

Tabelle 1

Einprägtiefe h' mm Abb. 15a	h'/s	Durchfederung f mm	Trägheitsmoment I mm^4	Bei gleichem I des Vollbleches s_o Abb. 15b	entspr. Dicke zweier Tafeln im Abstand h' s_i Abb. 15c
1,2	5	0,5	0,686	0,5	0,016 mm od. 0,064 s
0,8	3,2	1,0	0,343	0,4	0,022 " " 0,09 s
0,6	2,4	1,5	0,229	0,35	0,036 " " 0,14 s

Für 0,8 mm und 1,0 mm dickes Aluminiumblech (Al 99,5 w) wurden die Ersatzblechdicken s_o und s_i in entsprechender Weise für die verschiedenen Einprägtiefen h' ermittelt, dies sowohl beim spitzen als auch beim großflächigen Warzenmuster. Die schaubildliche Zusammenstellung nach Abb. 16 beweist den Vorteil der großflächigen Form gegenüber der spitzen. Da die Blechdicke s_i gemäß Abb. 15c für 2 Tafeln im Abstand h' und der idealen Stegdicke 0 gilt, wobei diese beiden Tafeln die gleiche Steifigkeit gegenüber Biegebeanspruchungen wie ein großflächiges Warzenblech der Einprägtiefe h' und der Blechdicke s haben, so beträgt die Dicke s_o einer nicht umgeformten Tafel gleichen Werkstoffs und gleichen Trägheitsmoments:

$$s_o = \sqrt[3]{(h' + 2 s_i + 2 s)^3 - h'^3}$$

In Übereinstimmung mit Biegeversuchen an solchen beiderseitig verleimten Blechen wird unter Abb. 17 ein Diagramm gebracht, wo über verschiedenen Verhältniswerten von h'/s (= Einprägtiefe : Blechdicke) die Koeffizienten a und c als voll ausgezogene Schaulinien, die Gewichtsersparnis G gestrichelt eingezeichnet sind. Die Schaulinien für einen h'/s-Bereich bis zu 2,5 beziehen sich auf die Versuche an weichem Aluminium, während die Schaulinien im h'/s-Bereich über 2,5 für 0,25 mm dickes Stahlblech St VI 23 gelten. Es zeigt sich, daß einmal sowohl für 0,8 mm dickes, als auch für 1,0 mm dickes Aluminiumblech die Schaulinien für a und c so dicht beieinander liegen, daß sie beinahe aufeinander fallen und ferner, daß diese Linien gewissermaßen die Fortsetzung der a-c-Schaulinien für das dünne Stahlblech bilden. Wenn diese Kurven selbstverständlich nur für die hier vorliegende Werkzeugform gültig sind und keinesfalls einer ganz allgemeinen Gesetzmäßigkeit entsprechen, so ist das übereinstimmende Verhalten dieser Kurvenzüge immerhin interessant. Hiernach kann man davon ausgehen, daß bei den verleimten Blechtafeln das Verhältnis h'/s und vor allen Dingen die Einprägtiefe h' selbst für die Steifigkeit von sehr viel größerer Bedeutung ist als die Blechdicke selbst.

Die beiderseits mit glatten Blechen verleimten Warzenbleche wurden auf der bereits zu Abb. 13 beschriebenen Vorrichtung in der Mitte durchgebogen. Da der geringe Zwischenraum zwischen den quadratischen Flächen bei den aus den ersten Versuchen vorhandenen Werkzeugen nur eine geringe Einprägtiefe h' und somit auch nur eine geringe Plattendicke gestattet, so war der erreichte Vorteil an Gewichtsersparnis gegenüber der Vollplatte im untersuchten Bereich nicht erheblich.

Zusammenfassung

1. Warzenbleche sind gegenüber Biegebeanspruchungen steifer als nicht umgeformte Vollbleche. Mit Deckblechen wächst die Steifigkeit weiter. Damit sind große Ersparnisse an Werkstoff und Gewicht verbunden.

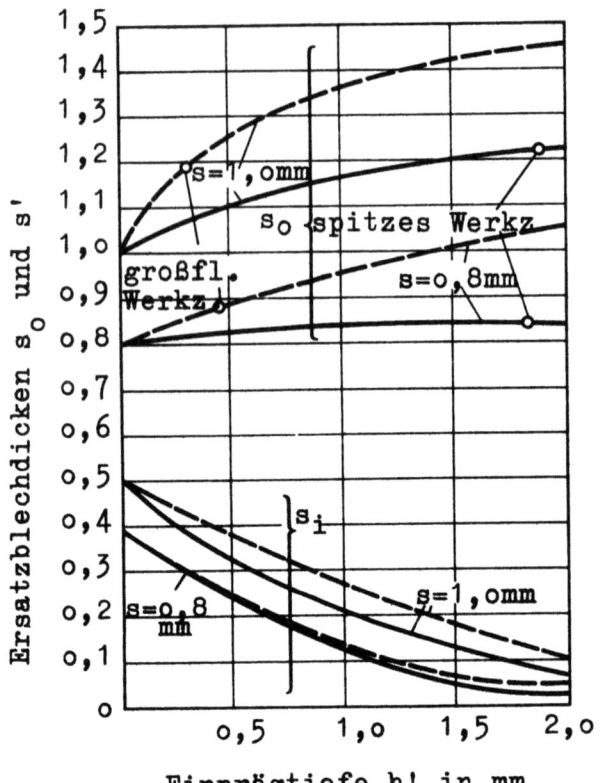

Abbildung 16.

Ersatzblechdicken gleicher Steifigkeit für Warzenbleche aus Al 99,5 w

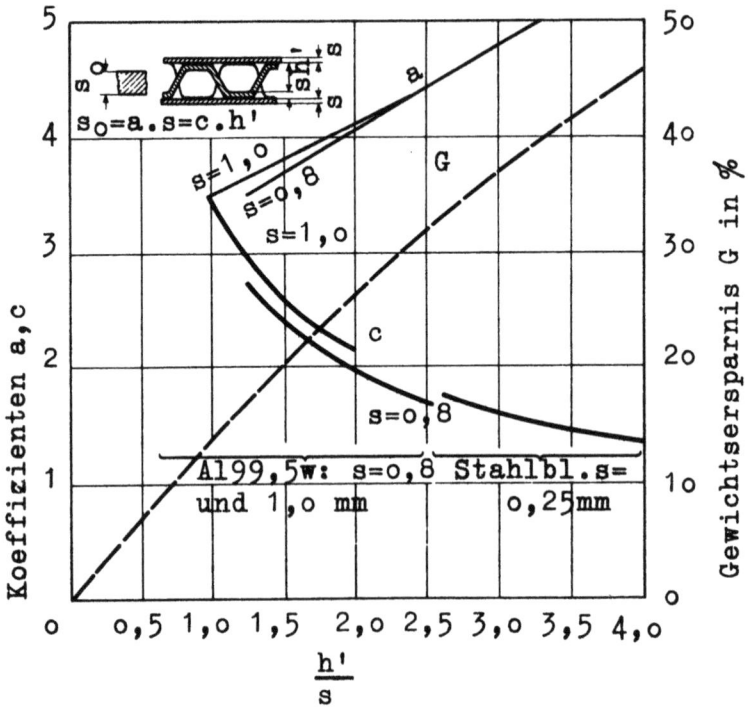

Abbildung 17

2. Bei unverleimten Warzenblechen verhalten sich größere Druckflächen in Bezug auf Widerstand gegen Durchbiegung günstiger als kleine Druckflächen.

3. Scharfe Ecken und Kanten am Umfang der Druckflächen sind zwecks Erzielung einer möglichst großen Eindrücktiefe ohne Rißbildung zu vermeiden.

4. Die Untersuchung weist für die Gestaltung biege- und knicksteifer Böden und Wände aus Blech auf so bedeutsame Ersparnisse hin, daß nach diesen Ermittlungen mit verbesserten Flächenmustern noch günstigere Ergebnisse zu erwarten sind. Hierfür sollte eine größer angelegte Arbeit angesetzt werden.

Forschungsberichte des Wirtschafts- und Verkehrsministeriums Nordrhein-Westfalen

3. Festigkeitsuntersuchungen an auf Knickung beanspruchten prägegemusterten Blechen

Dieser Bericht geht auf die Steifigkeit der Warzenbleche gegenüber Knickbeanspruchungen kurz ein.

Die Versuche wurden mit den gleichen Warzenblechen vorgenommen, die in den beiden vorausgehenden Berichten, insbesondere im ersten und dort zu Abb. 1 bis 6 ausführlich beschrieben sind. Dort ist schon gesagt, daß die verwendeten Werkzeuge ursprünglich für Flachstanzuntersuchungen und nicht zur Anfertigung von Warzenblechen gedacht waren. Das hierbei erzeugte Warzenmuster ist in Bezug auf Knickwiderstand ungünstig. Das unregelmäßige Einschlagen einer Musterung mittels Hämmern der Bleche (3) sowie die Einprägung besonderer Muster (4) unter Vermeidung gerader Linien schwachen Widerstandes ergeben eine höhere Knickfestigkeit. Immerhin zeigt sich bei den vorliegenden Versuchen, daß nach verhältnismäßig geringer Tiefung bei dem großflächigen quadratischen Muster von 4 mm Seitenlänge gegenüber der kleinflächigen von 0,3 mm Seitenlänge zwar eine sehr viel höhere Knickwiderstandskraft zu bemerken war, daß jedoch das Optimum bei den Proben von 60 mm Breite und 100 mm Knickhöhe aus 0,25 mm dickem Stahlblech gemäß Abb. 1 nach einer Einprägtiefe von 1,2 mm überschritten war und die Knickkraft rasch abfiel.

Im Gegensatz hierzu ist bei den unter dem spitzen Werkzeug gedrückten Blechen ein zwar langsam zunehmender, aber dafür bis zuletzt ansteigender Knickwiderstand gemäß der in Abb. 18 gestrichelten Schaulinie festzustellen.

Diese Verhältnisse gelten sowohl für Stahlbleche als auch für Aluminiumbleche verschiedener Dicke und voraussichtlich auch für andere Blechwerkstoffe. Daraus folgt, daß bei Knickbeanspruchungen oft kleinere Einprägtiefen günstiger als die größtmöglichen vor Eintritt von Rissen sind.

Bei den Knickuntersuchungen mit verschieden dicken Blechen aus Al 99,5 w zeigte sich im Gegensatz zu den Biegeversuchen, daß die Blechdicke für die Knickkraft von sehr viel größerer Bedeutung als die Einprägtiefe ist. Ein merkbarer Einfluß der Einprägtiefe fiel nur bei den dickeren Blechen auf. Ein so steiler Anstieg und Abfall der Kurve beim großflächigen Werkzeug, wie dies bei dem 0,25 mm dicken Stahlblech bemerkt wurde, konnte hier nicht beobachtet werden. Die Versuchsdurchführung war bei den weichen

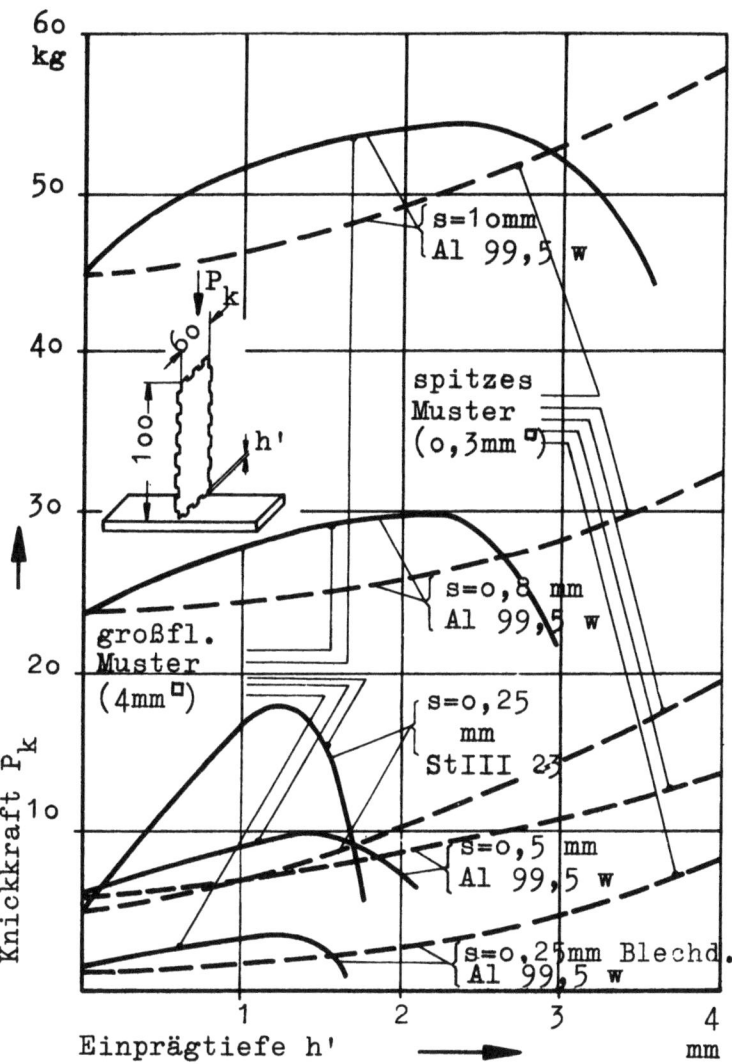

Abbildung 18

Knickkraft P_k in Abhängigkeit von Einprägtiefe und Flächenmuster

Aluminiumblechen schwieriger als bei dem doch ziemlich dünnen Stahlblech. Bevor es zur Knickung kam, mußte darauf geachtet werden, daß die Druckflächen der Warzenbleche in einer Ebene liegen, da selbst geringe Wölbungen, die kaum mit dem Auge wahrnehmbar sind, die Knickkraft erhöhen.

Da bei den verleimten Warzenblechen infolge des Einflusses solcher Wölbungen unvermeidliche Ungleichmäßigkeiten der Verleimung noch größere Streuungen vermuten lassen und außerdem nicht genügend Probekörper dafür verfügbar waren, wurde auf die Durchführung von Knickversuchen mit doppelseitig verleimten Blechen verzichtet. Wenn eine bestimmte Aufgabe vorliegt, werden sie sich jedoch bestimmt lohnen und sind dann nachzuholen. Es ist zu erwarten, daß im Gegensatz zu den unverleimten Warzenblechen der Einfluß der Blechdicke bei doppelseitigen Warzenblechen gegenüber der Einprägtiefe zurücktreten wird und daß sich dann eine ganz andere Charakteristik ergibt, als sie aus Abb. 18 zu erkennen ist.

Da die für die Knickung erforderliche Kraft nach den Eulerschen Gleichungen auch bei den verschiedenartigsten Einspannverhältnissen und Knickfällen stets zum Trägheitsmoment in direkt proportionalem Verhältnis steht, so sind hier ähnliche Beziehungen zu erwarten, wie sie sich bereits bei den Biegebeanspruchungen beiderseits verleimter Warzenbleche ergaben.

Dort, wo Warzenbleche nicht nur doppelseitig verleimt, sondern entsprechend der Königsplatte in mehreren Schichten übereinander liegend miteinander verleimt oder in anderer Weise miteinander verbunden werden, ist eine noch weiter gehende Steifigkeitserhöhung zu erwarten.

Forschungsberichte des Wirtschafts- und Verkehrsministeriums Nordrhein-Westfalen

4. Die höchst erreichbare Bördelhöhe beim Kragenanziehen vorgelochter Bleche

Beim Stechen von Blech (auch Einbördeln, Anhalsen oder Ziehen von Gewindewarzen (5) genannt) wird die Umgebung eines Loches im Blech zu einem zylindrischen Ansatz umgeformt. Die Wanddicke des Ansatzes ist infolge der Ringdehnung geringer als die ursprüngliche Blechdicke s_o. Seine Höhe übersteigt gewöhnlich die Blechdicke. In den Kragen (oder Hals oder Bördel) können Bolzen durch Einpressen, Einlöten oder Einschrauben eingesetzt werden. Die Kragen bilden also ein Mittel, um konstruktiv aus der Blechebene herauszukommen.

Man kann ohne oder mit Vorlochung stechen. Im ersteren Falle erhält man ausgefranste Ränder am Kragen und u.U. Risse am Kragen selbst. Deshalb zieht man das Stechen in ein vorher ausgeschnittenes Loch vor; nur dieses Verfahren wird im folgenden untersucht. Dabei ist die äußere Gestalt des erzeugbaren Kragens in Abhängigkeit vom Vorlochdurchmesser, vom Stechspalt zwischen Stempel und Stechring und von der Blechdicke zu bestimmen. Abgesehen von der Außenform des Kragens ist vor allem die Ausbildung der inneren Lochleibungsfläche des Kragens konstruktiv wesentlich. Die Untersuchung von Stechstempelformen ist im Hinblick auf die z.Zt. schwebende Vorbereitung von Normen wichtig (6).

Abb. 19 stellt die Lage von Werkzeugen und Werkstück beim Stechen dar und enthält außerdem zur Erläuterung die in dieser Untersuchung verwendeten Benennungen. Abb. 2o erläutert die gebräuchlichen Benennungen am Kragen selbst. Insbesondere bezeichnen

d_1 = Vorlochdurchmesser
d_2 = Stempeldurchmesser
$d'_2 \sim d_2$ = Innendurchmesser des Kragens nach dem Stechen
d_3 = äußere Durchmesser am Kragenrand
d_4 = Innendurchmesser des Stechringes entsprechend dem Außendurchmesser des Kragens

Die Umformung des Bleches am Kragen beginnt, sobald der Stempel mit seiner Spitze gegen die Lochwand im Blech stößt. Auf der Blechrückseite entsteht ein steiler Kegel, der mit fortschreitendem Stechvorgang schlanker wird. Auf der dem Stempel zugewandten "Vorderseite" des Bleches

Forschungsberichte des Wirtschafts- und Verkehrsministeriums Nordrhein-Westfalen

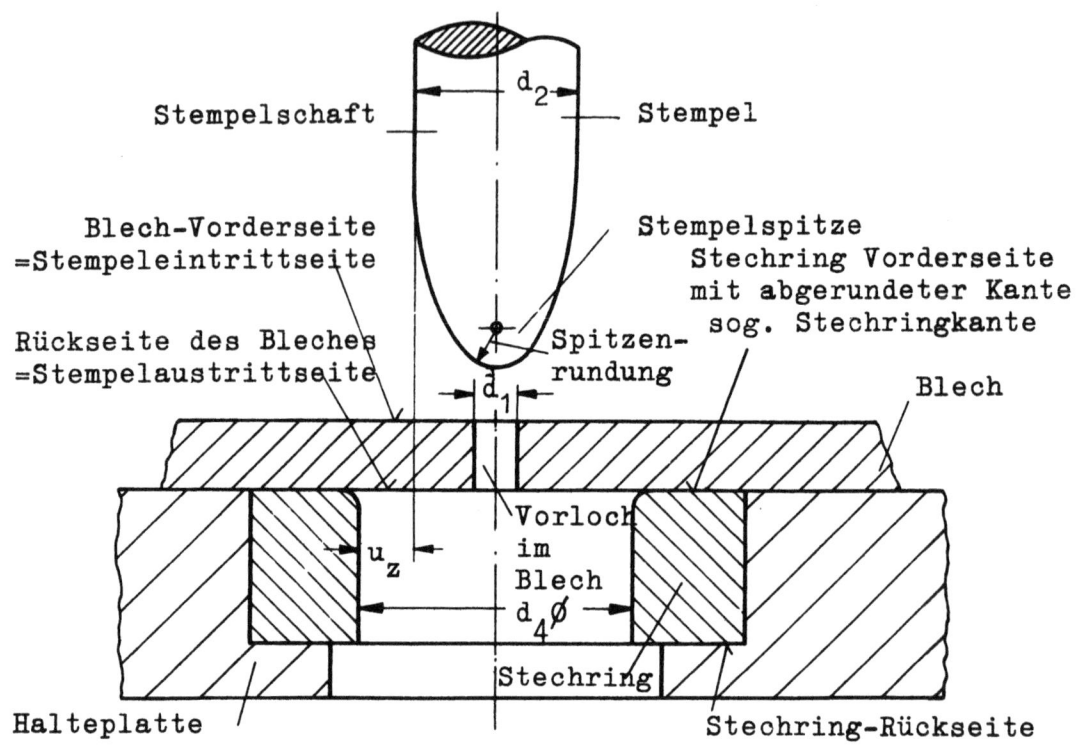

Abbildung 19
Bezeichnungen am Werkzeug

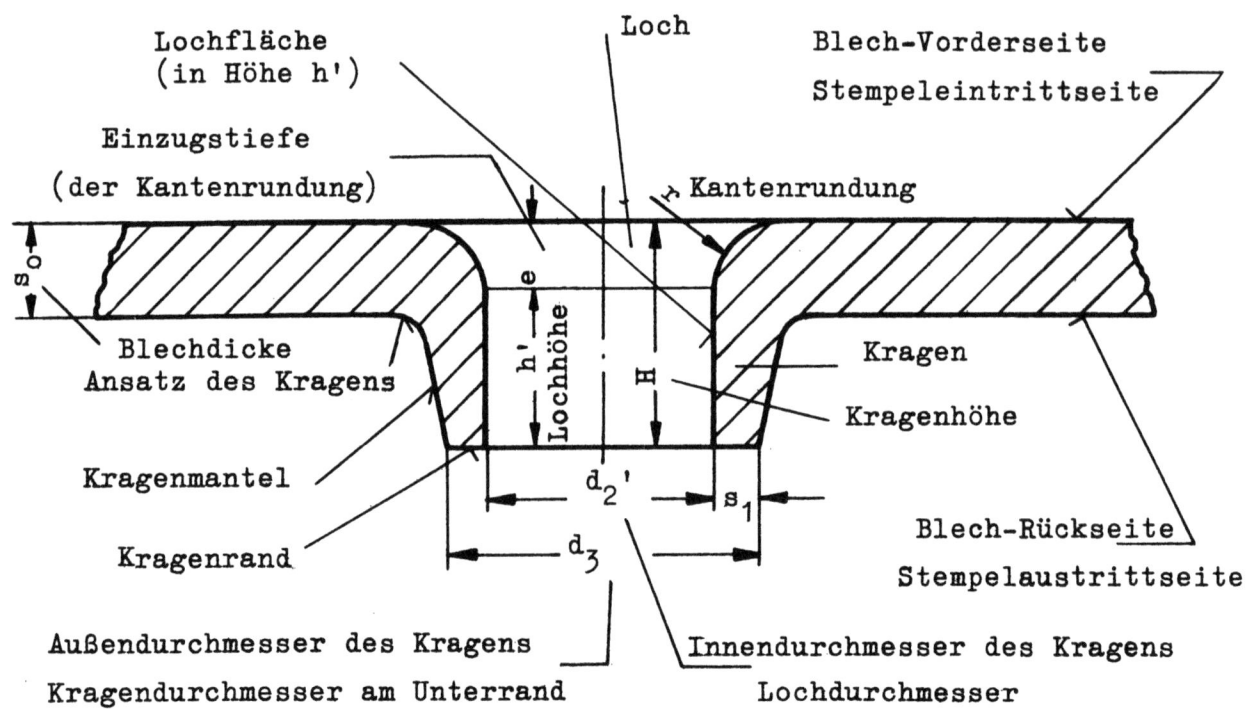

Abbildung 20
Bezeichnungen am Werkstück

entsteht bei eindringendem Stempel ebenfalls eine immer schlanker werdende Kegelfläche, die schließlich zur Lochfläche des Kragens wird. Abb. 22 bis 25 zeigen die Entstehung eines Kragens in verschiedenen Zwischenstufen der Umformung an mittig aufgeschnittenen Proben. Durch die Stechkraft des Stempels wird der Werkstoff ähnlich wie beim zylindrischen Tiefziehen über den Rand des Stechringes gebogen, mehr und mehr aufgeweitet und tangential gestreckt, bis schließlich der zylindrische Teil des Stempels den endgültigen Innendurchmesser des Kragens erzeugt hat.

Die Versuche des Institutes beschränkten sich auf Tiefzieh-Stahlbleche von 1 bis 2 mm Dicke, die mit Stempeln von zumeist 4,0 mm Durchmesser gestochen wurden. Einige Proben wurden zum Vergleich mit einem Stempel von 8,0 mm Dmr. entsprechend Stempelform 13 gestochen. Dabei wurden verschiedene Stempelformen (7) (Abb. 21) verwendet, die sich in der Form ihrer Spitze und dem Übergang zum zylindrischen 4,0 mm dicken Enddurchmesser unterscheiden. Der Stempel 11 hat eine sehr schlanke Spitze bei kleinster Rundung von r = 0,8 mm, während Stempel 14 die größte Rundung mit r = 20 mm aufweist. Die Stechringe hatten Innendurchmesser von 5,6; 6,0; 6,5; 7,2 und 8,0 mm. Sie werden zur Abkürzung in gleicher Reihenfolge mit 21, 22, 23, 24 und 25 bezeichnet.

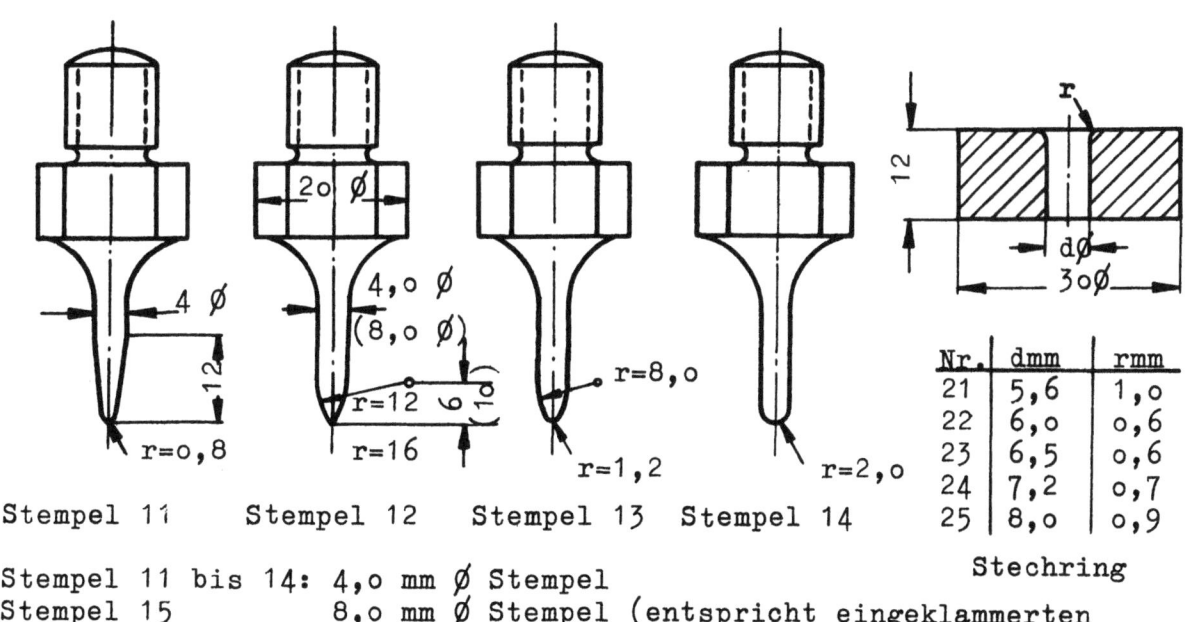

Abbildung 21: Stechwerkzeuge

A b b i l d u n g 22
Stempelform 13
$s_o = 2,0$ mm, $d_1 = 1,4$ mm,
$d_2 = 4,0$ mm, $d_4 = 5,6$ mm,
$\dfrac{U_z}{s_o} = \dfrac{0,8}{2,0} = 0,4$

A b b i l d u n g 23
Stempelform 12
$s_o = 2,0$ mm, $d_1 = 1,4$ mm,
$d_2 = 4,0$ mm, $d_4 = 6,5$ mm,
$\dfrac{U_z}{s_o} = \dfrac{1,25}{2,0} = 0,63$

In Abb. 2o ist die hintere Randfläche des Kragens eben und parallel zum Blech angedeutet. Dies kann, muß aber nicht der Fall sein, denn diese Hinterrandfläche in Gestalt einer Ringscheibe war ursprünglich die zylindrische Lochleibungsfläche des Vorloches. Es leuchtet ein, daß durch Verwandlung der Zylinderfläche über die Zwischenstufen einer immer flacher werdenden Kegelfläche eine zur Blechtafel parallele hintere Randfläche, wie wir sie in Abb. 22 bei Verwendung eines Stempels der Form 13 beobachten, nur ein Sonderfall ist. Ebenso kann ein nach innen oder ein nach außen kegelig abfallender Kragenrand entstehen.

 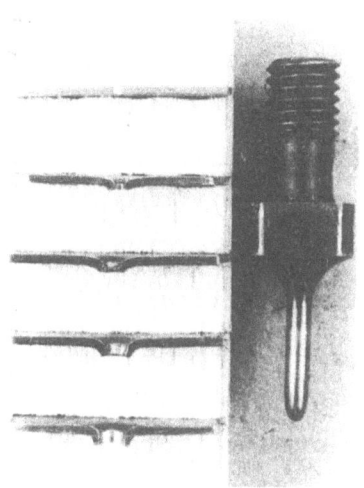

Abbildung 24
Stempelform 14
$s_o = 2{,}0$ mm, $d_1 = 1{,}4$ mm,
$d_2 = 4{,}0$ mm, $d_4 = 6{,}5$ mm,
$\dfrac{U_z}{s_o} = \dfrac{1{,}25}{2{,}0} = 0{,}63$

Abbildung 25
Stempelform 13
$s_o = 1{,}25$ mm, $d_1 = 1{,}6$ mm,
$d_2 = 4{,}0$ mm, $d_4 = 6{,}5$ mm,
$\dfrac{U_z}{s_o} = \dfrac{1{,}25}{1{,}25} = 1$

Die Endform mit Innenkegel nach Abb. 5 und 7 bildet sich aus, wenn die Spitze des benutzten Stempels zu schlank oder der Vorlochdurchmesser bei einem Stempel mit größerem Spitzenhalbmesser zu groß ist. In diesen Fällen wird die innere Kante des Halses, vormaliger Rand des Vorloches an der Blechoberseite, nicht weit genug vorgedrückt. Bei einem schlanken, spitzen Stempel wird das Vorloch ganz allmählich aufgeweitet (Abb. 23); dabei bleibt der innere Kegelrand zurück. Dagegen stellt sich ein nach außen kegelig abfallender Kragenrand ein, wenn der Stempel einen großen Spitzenhalbmesser, d.h. eine stumpfe Spitzenform (Stempelform 14), hat und zugleich ein kleines Vorloch verwendet wird (Abb. 24). Beim Herstellen eines solchen Kragens treten größere Kräfte auf, weil erst zuletzt auf einem nur sehr kurzen Stück des Stempels aufgeweitet wird. Das vor der runden Spitze liegende Material, das die Spitze regelrecht umschließt, wird hier viel weiter vorgebracht, ehe die Aufweitung einsetzt. Der stumpfe Stempel stülpt den Kragen sozusagen "zu gut" um. Dadurch kommt es, daß die Innenkante gegenüber der äußeren Halskante vorsteht. Hieraus ergeben sich auch größere Kragenhöhen als bei spitz zulaufenden Stempeln, vergl. Abb. 26 und 27, wo bei Stempelform 14 am Ende des Stechvorganges ein Winkel 90° (Abb. 26) und für eine Stempelform 11 ein Winkel 90° (Abb. 27) erreicht wird. Offensichtlich ist der höchst erreichbare Winkel δ von der Stempelform und vom Verhältnis P'/P abhängig. Ausserdem wirken die Reibungsverhältnisse wesentlich mit, wobei vermutlich eine starke Reibung die Bördelhöhe eher vergrößert als umgekehrt. Doch muß dies erst durch weitere Versuche bestätigt werden.

Eine besonders eigenartige Ausbildung des Unterrandes in Form eines gezipfelten Profiles zeigt Abb. 28. Es entstand bei unmittelbarem Einpressen

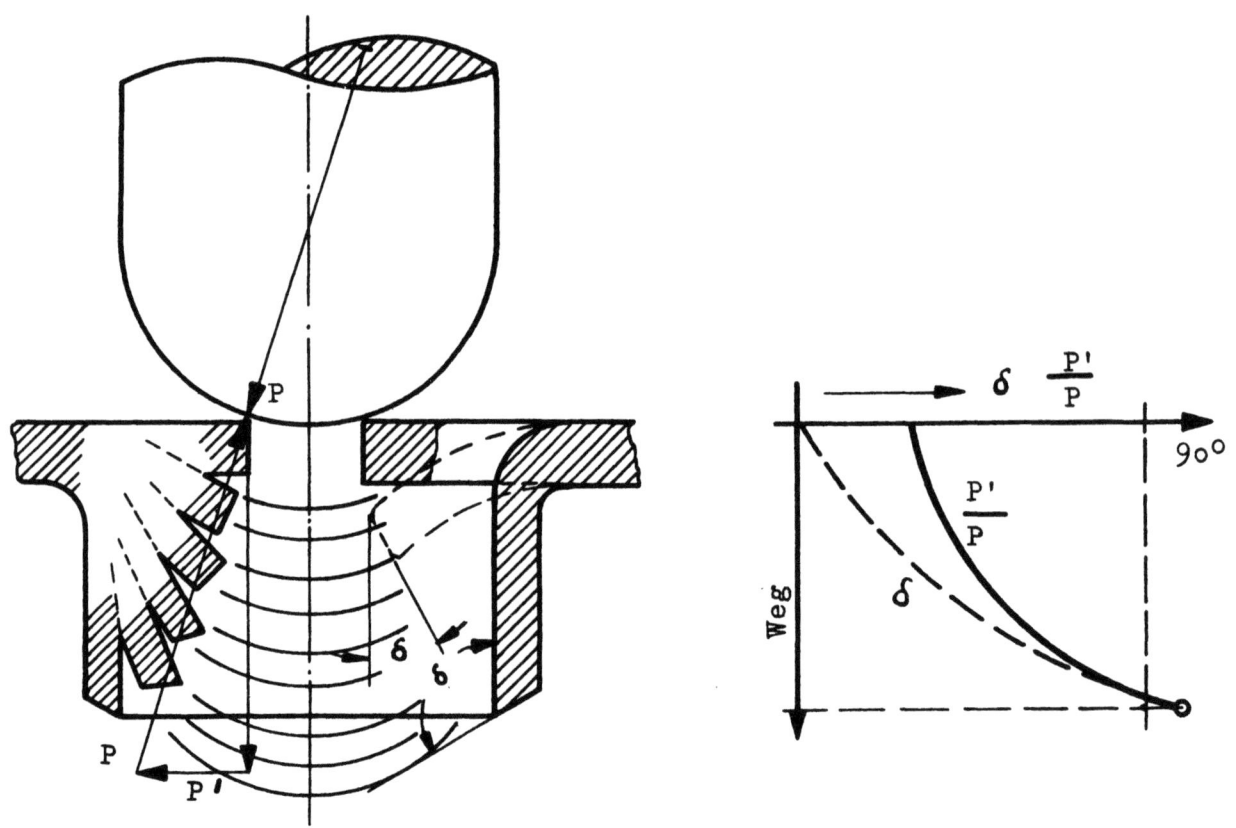

A b b i l d u n g 26

Aufweiten des Kragens durch Stempel der Form 14

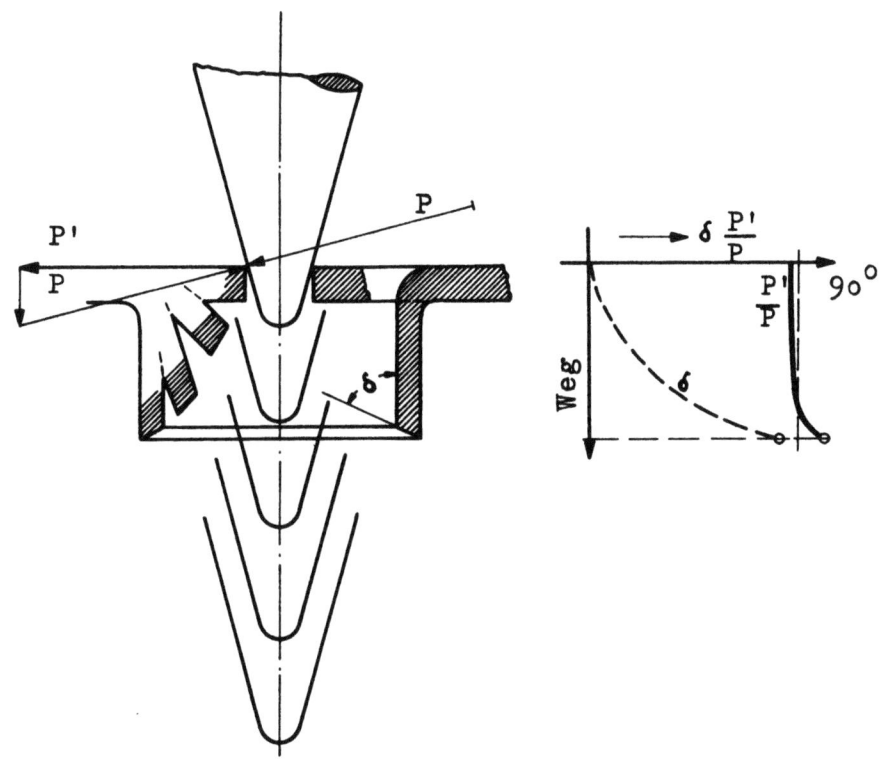

Abbildung 27
Aufweiten des Kragens durch Stempel der Form 11

von Buchsen eines Außendurchmessers von 8 mm in das vorgelochte Blech. Dies entspräche also einem nicht zugespitzten Rundstempel ohne bemerkenswerte Kantenabrundung.

Voraussetzung für die ungestörte Ausbildung des Kragens ist ein im Verhältnis zur Blechdicke genügend weiter Spalt zwischen Stempel und Stechring. In diesem Fall wird der Werkstoff um die Stechringkante umgelegt, und der äußere Kragenmantel berührt von der Kantenabrundung ab die Lochleibung des Stechringes nicht. Diese somit nur vom Stempel bewirkte freie Kragenausbildung stellt sich am ehesten bei dünnen Blechen ein, wobei dort die Kragenaußenfläche zum Unterrand an der Stempelaustrittseite leicht kegelig, bei dickeren Blechen auch zylindrisch ausläuft. Beispiele für die "freie kegelige Mantelform" geben Abb. 25 für dünnes Blech von 1,25 mm Dicke und eines Verhältnisses u_z/s_o von 1,0 (u_z = Stechspalt, s_o = Blechdicke), Abb. 23 für 2,0 mm dickes Blech bei einem Verhältnis u_z/s_o = 0,63.

Die "erzwungene Mantelform" stellt sich im Gegensatz zur "freien" dann ein, wenn der für die Verformung zur Verfügung stehende zylindrische

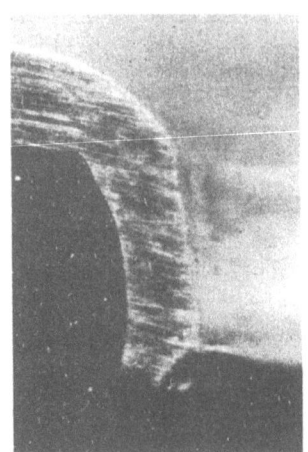 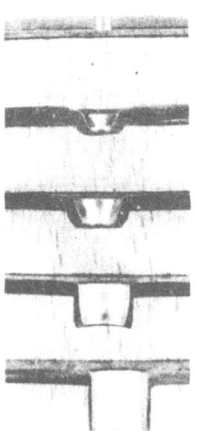

Abbildung 28
Buchse statt Stempel

$s_o = 1,25$ mm

$d_1 = 3,2$ mm

d_2 : Buchse 8,o mm
Außendurchmesser anstelle eines Stempels

$d_4 = 11$ mm

$\dfrac{U_z}{s_o} = \dfrac{1,5}{1,25} = 1,2$

Abbildung 29
Stempelform 13

$s_o = 2,o$ mm

$d_1 = 2,8$ mm

$d_2 = 8,o$ mm

$d_4 = 9,o$ mm

$\dfrac{U_z}{s_o} = \dfrac{o,5}{2,o} = o,25$

Raum und somit der Spalt zwischen Stempel und Stechring so schmal ist, daß außer den von der Lochinnenseite wirkenden und vom Stempel erzeugten Drücken Gegendrücke von der Stechringwand auf den Bördelhals ausgeübt werden. Da dann die Wand des Lochringes an der Umformung mitwirkt, bekommt der Kragenmantel eine genau zylindrische Gestalt; der Kragen wird zugleich abgestreckt; seine Wanddicke wird geringer als bei freier Ausbildung des Kragenmantels. Als gutes Anschauungsbeispiel für das erzwungene

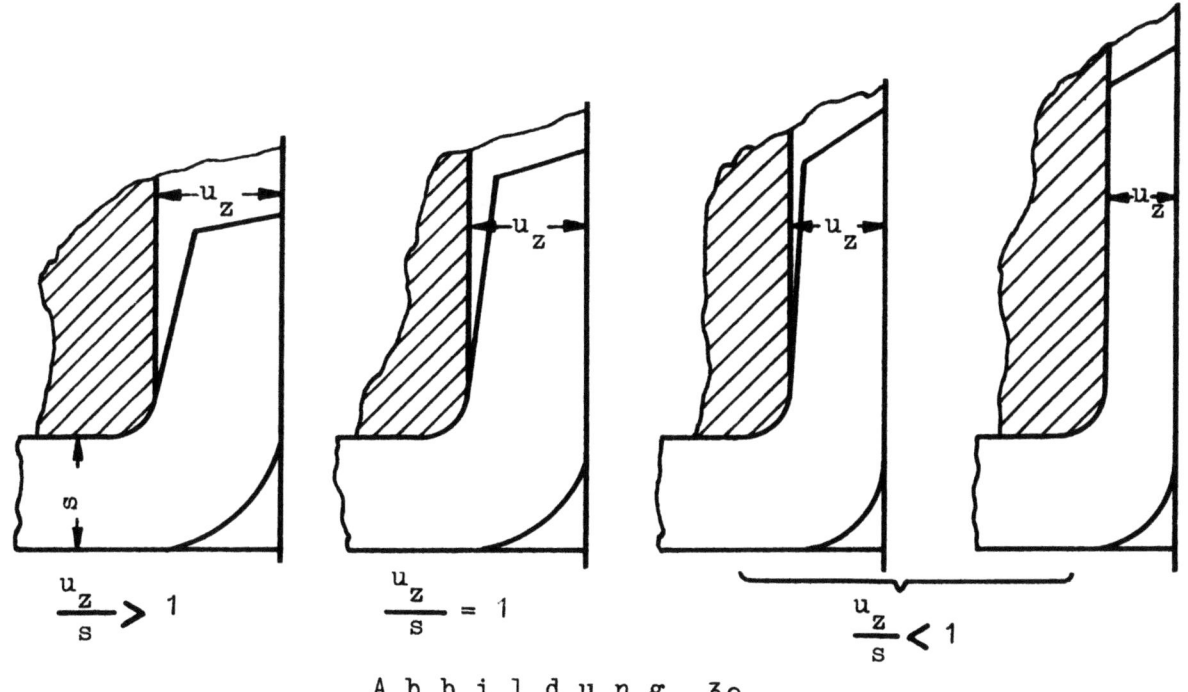

Abbildung 30

Ausbildung der Kragenwand bei verschiedenem Verhältnis $\frac{u_z}{s}$

Stechen zeigt Abb. 29 die Stechstufen bei einem Stempel (Nr. 15 in Abb. 21) von 8 mm Durchmesser. Abb. 30 zeigt den Kragenquerschnitt bei verschieden großen Spaltweiten u. Es ist verständlich, daß für u > s nach Abb. 30a sich die freie, außen kegelige Form einstellt. Doch überrascht es, wenn auch noch bei s = u_z nach Abb. 30b die gleiche Form zu finden ist und erst bei im Vergleich zur Blechdicke erheblich geringeren Spaltweiten u_z nach Abb. 30d die erzwungene, außen zylindrische Mantelform sich einstellt. Dazwischen gibt es Mischformen nach Abb. 30c, doch wurde bei den Versuchen nicht beobachtet, daß diese Mischformen eine deutliche Grenze zwischen zylindrischen und kegeligem Bereich zeigen. Es mag sein, daß sich der vordere zylindrische Teil vom hinteren kegeligen deutlicher abhebt.

Die Stechversuche mit Stempeln von 4 mm Dmr. zeigen, daß bei einem Stechringdurchmesser von 6,5 mm und einer Blechdicke von 2,0 mm, also bei einem u_z/s_o = 1,25/2,0 = 0,63, die "freie" Ausbildung des Kragens noch eintritt. Eine Ausnahme hiervon bildet Abb. 24, doch hier wird die erzwungene Ausbildung bzw. zylindrische Kragenaußenwand durch die Stempelform 14 hervorgerufen, die nach Abb. 26 den Kragen besser hochstülpt als schlankere Stempelformen. Mit einem Stechringdurchmesser von 5,6 mm, also bei einem u_z/s_o = 0,8/2,0 = 0,4, erhielt man unter sonst gleichen Bedingungen die "erzwungene Mantelform" nach Abb. 22, ebenso bei u_z/s_o = 0,25 gemäß Abb. 29.

Der Werkstoff erleidet beim Stechen mit erzwungener Mantelform erhebliche Formänderungen, die wegen des gleichzeitig auftretenden hohen Radialdruckes noch ohne Rißeintritt vertragen werden. Allerdings hat diese Art "Fließstechen" eine Grenze in der Schubfestigkeit des Materials, da der Kragen bei zu großen Umformbeanspruchungen an seinem Ansatz aus dem Blech herausgerissen wird, wobei sich Gleitebenen unter rd. $45°$ ausbilden, wie sich bei einer mißglückten Probe eines 3,0 mm dicken Bleches zeigte.

Die Kragenhöhe H, gemessen von der Blechvorderseite über die Blechdicke hinweg zum äußeren Kragenrand, ist größer als die Lochlänge h', worunter die Länge der inneren zylindrischen Lochwand verstanden wird. Der Maßunterschied, Einzugtiefe genannt, ist in der Rundung an der Stechringkante begründet, die ein Ausweichen des Bleches nach seiner Rückseite hin erlaubt. Die Einzugstiefe nimmt überdies mit dem Verhältnis Stechspalt : Blechdicke

$$(= u_z/s_o = (d_4 - d_2)/2\, s_o)$$

zu. Aus den folgenden Abb. 31 bis 34 ergibt sich auf Grund der Versuche, daß die Bördelhöhe H größer als die Lochlänge h' ist und daß der Unterschied zwischen h' und H mit dem Stechspaltverhältnis $(d_4 - d_2)/2\, s_o$ zunimmt. Diese Bilder zeigen bei einer Extrapolation der Kurven nach links bis etwa zum Werte $u_z/s_o = 0,4$, daß sich das Verhältnis H/h' dem Werte 1 nähert.

Es liegt nahe, unter Vernachlässigung der inneren und äußeren Abrundung an der Stechkante und unter Zugrundelegung der Volumenkonstanz einen Idealfall zu konstruieren, bei dem ein Ring vom Außendurchmesser d_4, Innendurchmesser d_1 und der Höhe s_o in einen anderen des gleichen Außendurchmessers d_4, jedoch des Innendurchmessers d_2 (= Stempeldurchmesser) und der Höhe h verwandelt wird; daraus ergibt sich die Beziehung

$$\frac{h}{s_o} = \frac{d_4^2 - d_1^2}{d_4^2 - d_2^2} \dots\dots\dots\dots(1)$$

In Abb. 31 bis 34 sind dementsprechend die Werte h/s_o als abszissenparallele Geraden stark strichpunktiert eingetragen. Davon weichen die Kurven für h'/s_o nach unten, die Kurven für H/s_o nach oben ab; mit anderen Worten: die zylindrische Lochlänge wird (meistens wegen des Einzuges)

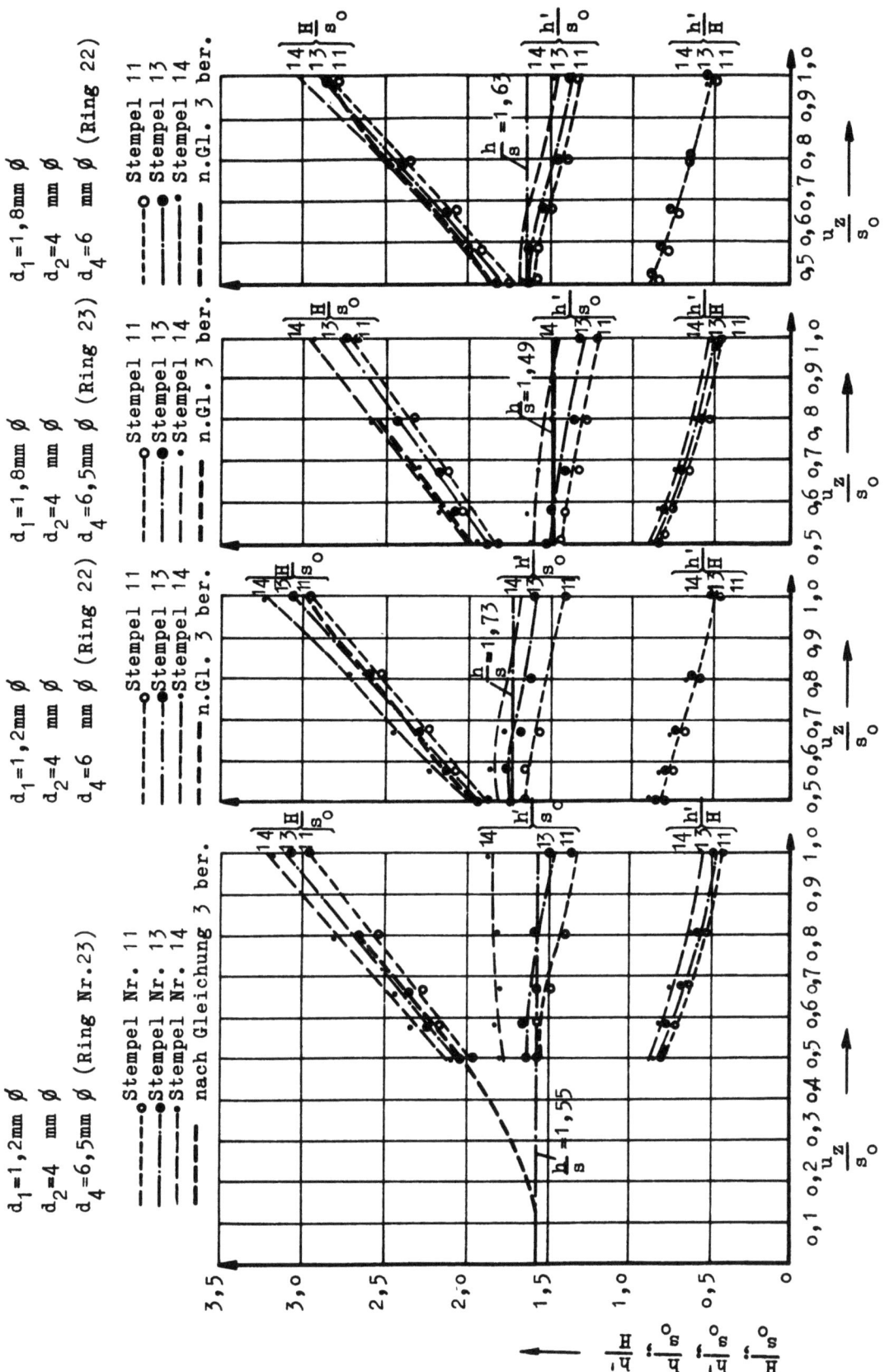

Abbildung 31 bis 34
Einfluß des Ziehspaltverhältnisses auf die erreichbaren bezogenen Kragenhöhen

$$H = s_o \left(\frac{d_4^2 - d_1^2}{d_4^2 - d_2^2} \right) 1 + \frac{c(c - \frac{s_o}{u_z})^2 + (c - \frac{s_o}{u_z})}{1o}$$

worin d_4 den äußeren Kragendurchmesser, u_z den Stechziehspalt mit $(d_4 - d_2)/2$ und c einen Rechnungsbeiwert bedeuten, der für die hier vorliegenden Bedingungen mit 2,5 angenommen werden kann.

2. Die hiernach berechneten Höhen ergeben Durchschnittswerte und geben dem Konstrukteur innerhalb des untersuchten Bereiches einen Anhalt. Sie werden jedoch von der Stempelform sichtbar beeinflußt. Stempel mit halbkugeliger großer Abrundung erzielen größere Höhen als spitz zulaufende, beanspruchen allerdings den Werkstoff auch stärker als diese.

3. Ebenso wird die Form des den Kragen abschließenden ringförmigen Kragenrandes, hier als Randfläche bezeichnet, weitestgehend von der Stempelform beeinflußt. Während sie beim stark abgerundeten Stechstempel einen flachen Außenkegel zeigt, bildet sie beim spitzen Stechstempel einen Innenkegel. Es ist ein Zufall, wenn diese Stirnfläche die Gestalt einer ebenen Ringfläche aufweist, was noch am ehesten mittels Stempelform 13 erreicht wird (8).

4. Es ist zu unterscheiden zwischen freier (s_o/u_z 2,o) und erzwungener (s_o/u_z 2,o) Mantelform. Im letzteren Fall verläuft die äußere Bördelwand genau zylindrisch, $d_3 = d_4$, im ersteren Fall leicht konisch, so daß sich ein d_3 gemäß Abb. 2o bilden kann.

5. Es ist beim Stechen eine Grenzblechdicke im Verhältnis zum Stempel zu beachten, die nach den vorliegenden Versuchen etwa 2,5 mm entsprechend einem Stechspaltverhältnis $s_o/u_z = 2,5$ mit $u_z = (d_4 - d_2)/2$ beträgt. Mit s/u_z 2,5 reißt der Bördel.

Literaturverzeichnis

1) BURKHARDT: "Beiträge zur spanlosen Formgebung von Metallen" Stuttgart 1949, S. 66/69

2) "Rauhplanieren", Technische Rundschau Bern, Nr. 26, 1950, S. 4

3) KALVERS: "Dünnwandige Glühgeräte aus hochhitzebeständigem Stahlblech" Industrieanzeiger (1949) Nr. 93, S. 5/6, Bild 3 u. 4

4) Aluminium Treatplate. Metal Industry 74 (1949) Nr. 18, S. 362, ferner OEHLER "Gestaltung gezogener Blechteile" Berlin 1951, S. 94, Abb. 121

5) LAUTER, F., Neue Erkenntnisse im Ziehen von Gewindewarzen. Industrieanzeiger 73 (1951) Nr. 94, S. 1028/30

6) Auf die Niederschriften des Berliner Arbeitskreises "Stanzereiwerkzeuge" im FNA Werkzeuge, Spannzeuge, Meßzeuge vom 28.2.1951 und 4.4.1951 zu Az 551/E 14 wird hingewiesen, desgleichen auch auf Seite 2 zu Entwurf DIN 6932 - 3.08

7) Inwieweit sich die hier gewonnenen Erkenntnisse auch auf andere Werkstoffe übertragen lassen, ist ungewiß. Immerhin gestatten Messungen an Kragenhöhen bei Stechversuchen ohne Vorloch mit verschiedenen Werkstoffen nach A. SCHROEDER, Richtlinien feinmechanischer Konstruktion und Fertigung (Berlin 1938) S. 22, 23, daß die Unterschiede nur klein sind und sich im Bereich von $\pm$ 10 % bewegen, wobei Bleche größerer Festigkeit an der oberen, diejenigen geringerer an der unteren Grenze liegen.

8) Die Stempelform 13 entspricht der im Buch von OEHLER-KAISER, Schnitt-, Stanz- und Ziehwerkzeuge (Berlin 1951) S. 124 Abb. 118 vorgeschlagenen Stechstempelform.

Professor Dr.-Ing. habil. G. OEHLER
T.H. Hannover

FORSCHUNGSBERICHTE DES WIRTSCHAFTS- UND VERKEHRSMINISTERIUMS NORDRHEIN-WESTFALEN

Herausgegeben von Ministerialdirektor Prof. Leo Brandt

Heft 1:
Prof. Dr.-Ing. Eugen Flegler, Aachen,
Untersuchungen oxydischer Ferromagnet-Werkstoffe

Heft 2:
Prof. Dr. phil. Walter Fuchs, Aachen,
Untersuchungen über absatzfreie Teeröle

Heft 3:
Techn.-Wissenschaftl. Büro für die Bastfaserindustrie, Bielefeld,
Untersuchungsarbeiten zur Verbesserung des Leinenwebstuhls

Heft 4:
Prof. Dr. E. A. Müller u. Dipl.-Ing. H. Spitzer, Dortmund,
Untersuchungen über die Hitzebelastung in Hüttenbetrieben

Heft 5:
Dipl.-Ing. Werner Fister, Aachen,
Prüfstand der Turbinenuntersuchungen

Heft 6:
Prof. Dr. phil. Walter Fuchs, Aachen,
Untersuchungen über die Zusammensetzung und Verwendbarkeit von Schwelteerfraktionen

Heft 7:
Prof. Dr. phil. Walter Fuchs, Aachen,
Untersuchungen über emsländisches Petrolatum

Heft 8:
Maria Elisabeth Meffert und Heinz Stratmann, Essen
Algen-Großkulturen im Sommer 1951

Heft 9:
Techn.-Wissenschaftl. Büro für die Bastfaserindustrie, Bielefeld,
Untersuchungen über die zweckmäßige Wicklungsart von Leinengarnkreuzspulen unter Berücksichtigung der Anwendung hoher Geschwindigkeiten des Garnes
Vorversuche für Zetteln und Schären von Leinengarnen auf Hochleistungsmaschinen

Heft 10:
Prof. Dr. Wilhelm Vogel, Köln,
„Das Streifenpaar" als neues System zur mechanischen Vergrößerung kleiner Verschiebungen und seine technischen Anwendungsmöglichkeiten

Heft 11:
Laboratorium für Werkzeugmaschinen und Betriebslehre, Technische Hochschule Aachen,
1. Untersuchungen über Metallbearbeitung im Fräsvorgang mit Hartmetallwerkzeugen und negativem Spanwinkel
2. Weiterentwicklung des Schleifverfahrens für die Herstellung von Präzisionswerkstücken unter Vermeidung hoher Temperaturen
3. Untersuchung von Oberflächenveredlungsverfahren zur Steigerung der Belastbarkeit hochbeanspruchter Bauteile

Heft 12:
Elektrowärme-Institut, Langenberg (Rhld.),
Induktive Erwärmung mit Netzfrequenz

Heft 13:
Techn.-Wissenschaftl. Büro für die Bastfaserindustrie, Bielefeld,
Das Naßspinnen von Bastfasergarnen mit chemischen Zusätzen zum Spinnbad

Heft 14:
Forschungsstelle für Acetylen, Dortmund,
Untersuchungen über Aceton als Lösungsmittel für Acetylen

Hett 15:
Wäschereiforschung Krefeld,
Trocknen von Wäschestoffen

Heft 16:
Max-Planck-Institut für Kohlenforschung, Mülheim a. d. Ruhr,
Arbeiten des MPI für Kohlenforschung

Heft 17:
Ingenieurbüro Herbert Stein, M. Gladbach,
Untersuchung der Verzugsvorgänge in den Streckwerken verschiedener Spinnereimaschinen. 1. Bericht: Vergleichende Prüfung mit verschiedenen Dickenmeßgeräten

Heft 18:
Wäschereiforschung Krefeld,
Grundlagen zur Erfassung der chemischen Schädigung beim Waschen

Heft 19:
Techn.-Wissenschaftl. Büro für die Bastfaserindustrie, Bielefeld,
Die Auswirkung des Schlichtens von Leinengarnketten auf den Verarbeitungswirkungsgrad, sowie die Festigkeits- und Dehnungsverhältnisse der Garne und Gewebe

Heft 20:
Techn.-Wissenschaftl. Büro für die Bastfaserindustrie, Bielefeld,
Trocknung von Leinengarnen I
Vorgang und Einwirkung auf die Garnqualität

Heft 21:
Techn.-Wissenschaftl. Büro für die Bastfaserindustrie, Bielefeld,
Trocknung von Leinengarnen II
Spulenanordnung und Luftführung beim Trocknen von Kreuzspulen

Heft 22:
Techn.-Wissenschaftl. Büro für die Bastfaserindustrie, Bielefeld,
Die Reparaturanfälligkeit von Webstühlen

Heft 23:
Institut für Starkstromtechnik, Aachen,
Rechnerische und experimentelle Untersuchungen zur Kenntnis der Metadyne als Umformer von konstanter Spannung auf konstanten Strom

Heft 24:
Institut für Starkstromtechnik, Aachen,
Vergleich verschiedener Generator-Metadyne-Schaltungen in bezug auf statisches Verhalten

Heft 25:
Gesellschaft für Kohlentechnik mbH., Dortmund-Eving,
Struktur der Steinkohlen und Steinkohlen-Kokse

Heft 26:
Techn.-Wissenschaftl. Büro für die Bastfaserindustrie, Bielefeld,
Vergleichende Untersuchungen zweier neuzeitlicher Ungleichmäßigkeitsprüfer für Bänder und Garne hinsichtlich ihrer Eignung für die Bastfaserspinnerei

Heft 27:
Prof. Dr. E. Schratz, Münster,
Untersuchungen zur Rentabilität des Arzneipflanzenanbaues
Römische Kamille, Anthemis nobilis L.

Heft: 28:
Prof. Dr. E. Schratz, Münster,
Calendula officinalis L.
Studien zur Ernährung, Blütenfüllung und Rentabilität der Drogengewinnung

Heft 29:
Techn.-Wissenschaftl. Büro für die Bastfaserindustrie, Bielefeld,
Die Ausnützung der Leinengarne in Geweben

Heft 30:
Gesellschaft für Kohlentechnik mbH., Dortmund-Eving,
Kombinierte Entaschung und Verschwelung von Steinkohle; Aufarbeitung von Steinkohlenschlämmen zu verkokbarer oder verschwelbarer Kohle

Heft 31:
Dipl.-Ing. Störmann, Essen,
Messung des Leistungsbedarfs von Doppelsteg-Kettenförderern

VERÖFFENTLICHUNGEN DER ARBEITSGEMEINSCHAFT FÜR FORSCHUNG DES LANDES NORDRHEIN-WESTFALEN

Im Auftrage des Ministerpräsidenten Karl Arnold
Herausgegeben von Ministerialdirektor Prof. Leo Brandt

Heft 1:
Prof. Dr.-Ing. Friedrich Seewald, Technische Hochschule Aachen,
Neue Entwicklungen auf dem Gebiete der Antriebsmaschinen
Prof. Dr.-Ing. Friedrich A. F. Schmidt, Technische Hochschule Aachen,
Technischer Stand und Zukunftsaussichten der Verbrennungsmaschinen, insbesondere der Gasturbinen
Dr.-Ing. R. Friedrich, Siemens-Schuckert-Werke A.-G., Mülheimer Werk,
Möglichkeiten und Voraussetzungen der industriellen Verwertung der Gasturbine

Heft 2:
Prof. Dr.-Ing. Wolfgang Riezler, Universität Bonn,
Probleme der Kernphysik
Prof. Dr. phil. Fritz Micheel, Universität Münster,
Isotope als Forschungsmittel in der Chemie und Biochemie

Heft 3:
Prof. Dr. med. Emil Lehnartz, Universität Münster,
Der Chemismus der Muskelmaschine
Prof. Dr. med. Gunther Lehmann, Direktor des Max-Planck-Instituts für Arbeitsphysiologie, Dortmund,
Physiologische Forschung als Voraussetzung der Bestgestaltung der menschlichen Arbeit
Prof. Dr. Heinrich Kraut, Max-Planck-Institut für Arbeitsphysiologie, Dortmund,
Ernährung und Leistungsfähigkeit

Heft 4:
Prof. Dr. Franz Wever, Max-Planck-Institut für Eisenforschung, Düsseldorf,
Aufgaben der Eisenforschung
Prof. Dr.-Ing. Hermann Schenck, Technische Hochschule Aachen,
Entwicklungslinien des deutschen Eisenhüttenwesens
Prof. Dr.-Ing. Max Haas, Techn. Hochschule Aachen,
Wirtschaftliche und technische Bedeutung der Leichtmetalle und ihre Entwicklungsmöglichkeiten

Heft 5:
Prof. Dr. med. Walter Kikuth, Medizinische Akademie Düsseldorf,
Virusforschung
Prof. Dr. Rolf Danneel, Universität Bonn,
Fortschritte der Krebsforschung
Prof. Dr. med. Dr. phil. W. Schulemann, Univ. Bonn,
Wirtschaftliche und organisatorische Gesichtspunkte für die Verbesserung unserer Hochschulforschung

Heft 6:
Prof. Dr. Walter Weizel, Institut für theoretische Physik, Bonn,
Die gegenwärtige Situation der Grundlagenforschung in der Physik
Prof. Dr. Siegfried Strugger, Universität Münster,
Das Duplikantenproblem in der Biologie
Prof. Dr. Rolf Danneel, Universität Bonn,
Über das Verhalten der Mitochondrien bei der Mitose der Mesenchymzellen des Hühner-Embryos
Direktor Dr. Fritz Gummert, Ruhrgas A.-G., Essen,
Überlegungen zu den Faktoren Raum und Zeit im biologischen Geschehen und Möglichkeiten einer Nutzanwendung

Heft 7:
Prof. Dr.-Ing. August Götte, Technische Hochschule Aachen,
Steinkohle als Rohstoff und Energiequelle
Prof. Dr. e. h. Karl Ziegler, Max-Planck-Institut für Kohlenforschung Mülheim a. d. Ruhr,
Über Arbeiten des Max-Planck-Instituts für Kohlenforschung

Heft 8:
Prof. Dr.-Ing. Wilhelm Fucks, Technische Hochschule Aachen,
Die Naturwissenschaft, die Technik und der Mensch
Prof. Dr. sc. pol. Walther Hoffmann, Universität Münster,
Wirtschaftliche und soziologische Probleme des technischen Fortschritts

Heft 9:
Prof. Dr.-Ing. Franz Bollenrath, Technische Hochschule Aachen,
Zur Entwicklung warmfester Werkstoffe
Dr. Heinrich Kaiser, Staatl. Materialprüfungsamt Dortmund,
Stand spektralanalytischer Prüfverfahren und Folgerung für deutsche Verhältnisse

Heft 10:
Prof. Dr. Hans Braun, Universität Bonn,
Möglichkeiten und Grenzen der Resistenzzüchtung
Prof. Dr.-Ing. Carl Heinrich Dencker, Universität Bonn,
Der Weg der Landwirtschaft von der Energieautarkie zur Fremdenergie

Heft 11:
Prof. Dr.-Ing. Herwart Opitz, Technische Hochschule Aachen,
Entwicklungslinien der Fertigungstechnik in der Metallbearbeitung
Prof. Dr.-Ing. Karl Krekeler, Technische Hochschule Aachen,
Stand und Aussichten der schweißtechnischen Fertigungsverfahren

Heft: 12
Dr. Hermann Rathert, Mitglied des Vorstandes der Vereinigten Glanzstoff-Fabriken A.-G., Wuppertal-Elberfeld,
Entwicklung auf dem Gebiet der Chemiefaser-Herstellung
Prof. Dr. Wilhelm Weltzien, Direktor der Textilforschungsanstalt Krefeld,
Rohstoff und Veredlung in der Textilwirtschaft

Heft: 13
Dr.-Ing. e. h. Karl Herz, Chefingenieur im Bundesministerium für das Post- und Fernmeldewesen Frankfurt a. Main,
Die technischen Entwicklungstendenzen im elektrischen Nachrichtenwesen
Ministerialdirektor Dipl.-Ing. Leo Brandt, Düsseldorf,
Navigation und Luftsicherung

Heft 14:
Prof. Dr. Burckhardt Helferich, Universität Bonn,
Stand der Enzymchemie und ihre Bedeutung
Prof. Dr. med. Hugo W. Knipping, Direktor der Med. Universitätsklinik Köln,
Ausschnitt aus der klinischen Carcinomforschung am Beispiel des Lungenkrebses

Heft 15:
Prof. Dr. Abraham Esau, Technische Hochschule Aachen,
Die Bedeutung von Wellenimpulsverfahren in Technik und Natur
Prof. Dr.-Ing. Eugen Flegler, Technische Hochschule Aachen,
Die ferromagnetischen Werkstoffe in der Elektrotechnik und ihre neueste Entwicklung

Heft 16:
Prof. Dr. rer. pol. Rudolf Seyffert, Universität Köln,
Die Problematik der Distribution
Prof. Dr. rer. pol. Theodor Beste, Universität Köln,
Der Leistungslohn

Heft 17:
Prof. Dr.-Ing. Friedrich Seewald, Technische Hochschule Aachen,
Die Flugtechnik und ihre Bedeutung für den allgemeinen technischen Fortschritt
Prof. Dr.-Ing. Edouard Houdremont, Essen,
Art und Organisation der Forschung in einem Industriekonzern

Heft 18:
Prof. Dr. med. Dr. phil. W. Schulemann, Universität Bonn,
Theorie und Praxis pharmakologischer Forschung
Prof. Dr. Wilhelm Groth, Direktor des Physikalisch-Chemischen Instituts, Universität Bonn,
Technische Verfahren zur Isotopentrennung

Heft 19:
Dipl.-Ing. Kurt Traenckner, Stellvertr. Vorstandsmitglied der Ruhrgas-A.G., Essen,
Entwicklungstendenzen der Gaserzeugung

Heft 21:
Prof. Dr. phil. Robert Schwarz, Aachen,
Wesen und Bedeutung der Silicium-Chemie
Prof. Dr. Kurt Alder, Universität Köln,
Fortschritte in der Synthese von Kohlenstoffverbindungen

Heft 21 a
Jahresfeier der Arbeitsgemeinschaft für Forschung des Landes Nordrhein-Westfalen am 21.5.1952 in Düsseldorf mit Ansprachen des Herrn Bundespräsidenten Professor Dr. Theodor Heuss, des Herrn Ministerpräsidenten Arnold, Frau Kultusminister Teusch, der Herren Professor Dr. Hahn, Professor Dr. Strugger, Vizepräsident Dobbert, Professor Dr. Richter, Professor Dr. Fucks.

Heft 22:
Prof. Dr. Johannes von Allesch, Universität Göttingen,
Die Bedeutung der Psychologie im öffentlichen Leben
Prof. Dr. med. Otto Graf, Max-Planck-Institut für Arbeitsphysiologie, Dortmund,
Triebfedern menschlicher Leistung

Heft 23:
Prof. Dr. phil. Dr. jur. h. c. Bruno Kuske, Universität Köln,
Probleme der Raumforschung
Prof. Dr. Dr.-Ing. e. h. Prager,
Städtebau und Landesplanung

Heft 23 a:
M. Zvegintzov, Wissenschaftliche Forschung und die Auswertung ihrer Ergebnisse. Ziel und Tätigkeit der National Research Development Corporation

Dr. Alexander King, Department of Scientific & Industrial Research, London,
Wissenschaft und internationale Beziehungen

Heft 24:
Prof. Dr. Rolf Danneel, Universität Bonn,
Über die Wirkungsweise der Erbfaktoren
Prof. Dr. K. Herzog, Medizinische Akademie Düsseldorf,
Bewegungsbedarf der menschlichen Gliedmaßengelenke bei der Berufsarbeit

Heft 25:
Prof. Dr. O. Haxel, Heidelberg,
Energiegewinnung aus Kernprozessen
Dr. Dr. Max Wolf, Düsseldorf,
Gegenwartsprobleme der energiewirtschaftlichen Forschung

Heft 26:
Prof. Dr. Friedrich Becker, Universität Bonn,
Ultrakurzwellen aus dem Weltraum, ein neues Forschungsgebiet der Astronomie
Dozent Dr. H. Straßl, Bonn,
Bemerkenswerte Doppelsterne und das Problem der Sternentwicklung

Heft 27:
Prof. Dr. Heinrich Behnke, Universität Münster,
Der Strukturwandel der Mathematik in der ersten Hälfte des 20. Jahrhunderts
Prof. Dr. E. Sperner, Bonn,
Eine mathematische Analyse der Luftdruckverteilungen in großen Gebieten

Heft 28:
Prof. Dr. O. Niemczyk, Aachen,
Die Problematik gebirgsmechanischer Vorgänge im Steinkohlenbergbau
Prof. Dr. W. Ahrens, Krefeld,
Die Bedeutung geologischer Forschung für die Wirtschaft, besonders in Nordrhein-Westfalen

Heft 29:
Prof. Dr. B. Rensch, Münster,
Das Problem der Residuen bei Lernleistungen
Prof. Dr. H. Fink, Köln,
Über Leberschäden bei der Bestimmung des biologischen Wertes verschiedener Eiweiße von Mikroorganismen

Heft 30:
Prof. Dr.-Ing. F. Seewald, Aachen,
Forschungen auf dem Gebiete der Aerodynamik
Prof. Dr.-Ing. K. Leist, Aachen,
Forschungen in der Gasturbinentechnik

Geisteswissenschaften

Heft 1:
Prof. Dr. W. Richter, Bonn,
Die Bedeutung der Geisteswissenschaften für die Bildung unserer Zeit
Prof. Dr. J. Ritter, Münster,
Die aristotelische Lehre vom Ursprung und Sinn der Theorie

Heft 2:
Prof. Dr. J. Kroll, Köln,
Elysium
Prof. Dr. G. Jachmann, Köln,
Die vierte Ekloge Vergils

Heft 3:
Prof. Dr. H. E. Stier, Münster,
Die klassische Demokratie

Heft 4:
Prof. Dr. W. Caskel, Köln,
Lihjan und Lihjanisch. Sprache und Kultur eines früharabischen Königreiches

Heft 5:
Prof. Dr. Th. Ohm, Münster,
Stammesreligionen im südlichen Tanganyika-Territorium. — Religionswissenschaftliche Ergebnisse meiner Ostafrikareise 1951

Heft 6:
Prälat Prof. Dr. G. Schreiber, Münster,
Deutsche Wissenschaftspolitik von Bismarck bis zum Atomphysiker Otto Hahn

Heft 7:
Prof. Dr. W. Holtzmann, Bonn,
Das mittelalterliche Imperium und die werdenden Nationen

Heft 8:
Prof. Dr. W. Caskel, Köln,
Die Bedeutung der Beduinen in der Geschichte der Araber

Heft 9:
Prälat Prof. Dr. G. Schreiber, Münster,
Iroschottische und angelsächsische Kultureinflüsse im Mittelalter

Heft 10:
Prof. Dr. P. Rassow, Köln,
Forschungen zur Reichsidee im 16. und 17. Jahrhundert

Heft 11:
Prof. Dr. H. E. Stier, Münster,
Roms Aufstieg zur Weltherrschaft

Heft 12:
Prof. D. K. H. Rengstorf, Münster,
Zum Problem der Gleichberechtigung zwischen Mann und Frau auf dem Boden des Urchristentums
Prof. Dr. H. Conrad, Bonn,
Grundprobleme einer Reform des Familienrechts

Heft 13:
Professor Dr. Max Braubach, Bonn,
Der Weg zum 20. Juli 1944 — Ein Forschungsbericht

If you have any concerns about our products,
you can contact us on
ProductSafety@springernature.com

In case Publisher is established outside the EU,
the EU authorized representative is:
**Springer Nature Customer Service Center GmbH
Europaplatz 3, 69115 Heidelberg, Germany**

Printed by Libri Plureos GmbH
in Hamburg, Germany